KB133982

10대에게★권하는
공학

10대에게 권하는 공학

초판 1쇄 인쇄 2018년 12월 18일
초판 10쇄 발행 2024년 7월 10일

지은이 한화택 **펴낸이** 김종길 **펴낸 곳** 글담출판사

기획편집 이경숙 · 김보라
마케팅 김지수 **디자인** 손소정 **영업** 성홍진 **관리** 이현정

출판등록 1998년 12월 30일 제2013-000314호
주소 (04029) 서울시 마포구 월드컵로 8길 41
전화 (02) 998-7030 **팩스** (02) 998-7924
페이스북 www.facebook.com/geuldam4u **인스타그램** geuldam
블로그 http://blog.naver.com/geuldam4u

ISBN 979-11-86650-71-4 (43500)
책값은 뒤표지에 있습니다.
잘못된 책은 바꾸어 드립니다.

이 도서의 국립중앙도서관 출판시도서목록(CIP)은 e-CIP 홈페이지(http://www.nl.go.kr/ecip)와 국가자료공동목록시스템(http://www.nl.go.kr/kolisnet)에서 이용하실 수 있습니다.
(CIP 제어번호 : 2018038993)

만든 사람들
책임편집 안아람 **디자인** 정현주 **교정교열** 탁산화

학교에서 가르치지 않는 공학의 쓸모

10대에게 ★ 권하는 공학

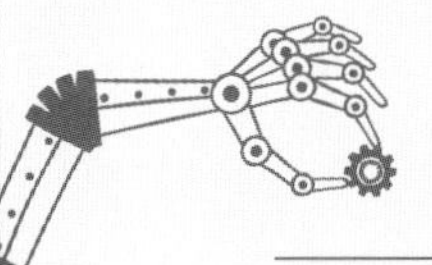

한화택 지음

사람과 사회에 도움이 되는 학문
공학의 가치에 대해 알려 주다

글담출판

이 시대를 살아가는 청소년이라면 반드시 알아야 할 상식이자 교양, 공학

여러분은 '공학' 하면 무엇이 떠오르나요? 공대생? 인공 지능? 취업? 현재 공학은 사회적으로 커다란 관심을 끌고 있습니다. 수많은 청소년 공학 교실이 열리고, 공학과 연계된 첨단 산업이 무수히 새로 생겨나는 것만 봐도 잘 알 수 있습니다. 국가 역시 사회와 산업의 수요에 맞게 반도체, 미래차·로봇 등 첨단학과 신설을 지원하고, 연구개발에 참여하는 대학원생들에게 장학금과 생활비를 지급하는 등 엄청난 지원을 해주고 있지요. 국가경쟁력의 핵심은 과학기술에 있기 때문입니다. 이제 공학은 단순히 취업을 잘하기 위해 이수해야 하는 전공이 아닙니다. 빠르게 변화하는 미래 사회에서 갖춰야 할 필수 덕목이지요.

그런데 언제부터 공학이 이렇게 중요했을까요? 그리고 공학이란 대체 무엇일까요?

사회 변화를 이끌고 있는 학문, 공학

과학이 호기심을 바탕으로 눈에 보이는 자연을 탐구한다면, 공학은 세상에 존재하지 않는 새로운 것을 창조합니다. 밝혀진 과학 지식을 이용해 수많은 발명품을 만들고 끊임없이 기술을 발전시켜 온 것이 바로 공학이지요.

고대의 엔지니어가 최초로 만들었을 발명품은 간단한 도구였습니다. 그리고 이 도구의 발명에서 비롯된 재료의 발견과 기술 발전은 인류의 문명을 태동시켰습니다. 중세에는 종이, 인쇄술, 나침반, 화약이라는 중국의 4대 발명품이 세계 곳곳으로 퍼져 근대의 문을 열었습니다. 무엇보다 이때부터는 경험적으로 알고 있는 과학 지식을 체계적으로 활용했습니다. 18세기에는 증기 기관이 발명되면서 사회를 역동적으로 움직인 산업 혁명이 일어났지요. 역사의 큰 전환점에는 항상 공학이 있었습니다.

현재 우리는 역사상 가장 물질적으로 풍요로운 시대에 살고 있습니다. 요즘처럼 빠르게 신기술이 개발되고 상상도 못한 신제품들이 쏟아져 나온 적이 없습니다. 그리고 스마트폰이나 로봇을 뛰어넘어 인공 지능과 가상현실 그리고 생명공학에 이르기까지, 새로운 공학 기술이 일으킬 커다란 시대적 변화가 우리를 기다리고 있습니다.

바야흐로 우리는 새로운 산업 혁명을 눈앞에 두고 있습니다. 그리고 공학이 이 변화를 이끌고 있습니다. 따라서 여러분이 급변하는 세상의 흐름을 읽고 시대적 변화를 따라가려면 공학을 이해해야 합니다. 공학은 더 이상 취업을 위한 학문이 아닙니다. 이 시대를 살아가는 데 필요한 상식이자 교양입니다. 그러므로 공학을 전공하지 않더라도 새로운 기술 변화를 감지하고 공학이 인류 사회에 미치는 영향을 이해할 필요가 있습니다. 과학 기술에 관한 최소한의 기초 지식을 갖추고, 합리적이고 실용적인 공학적 사고를 할 수 있어야 합니다.

공학을 통해 우리는 무엇을 얻을 수 있나요?

공학은 우리의 상상력과 창의력 그리고 문제 해결 능력을 키워 줄 뿐 아니라 공부하는 과정에서 다음과 같은 여러 가지 즐거움을 가져다줍니다.

첫째, 새로운 것을 알게 되는 즐거움입니다. 우리는 공학 공부를 통해 주변에 있는 각종 기계들의 작동 원리를 이해하고 그 속에 숨어 있는 기발한 아이디어를 발견할 수 있습니다. 사실 무엇을 공부하더라도 새로운 것을 아는 과정은 즐겁습니다. 그런데 공학은 정규 교과 과정에 없어 처음 접하는 것인 만큼 새로운 세계를 아는 즐거움을 배로 느끼게 해줍니다. 교과서에서는 지금 어떤 기술이 떠오르고 있는지 구체적으로 언급되지 않잖아요? 더불어 공학 공부는 새로운 기계나 도구에 숨어 있는 창의력과 아이디어에 공학적으로 접근하고, 사회 흐름을 읽는 눈을 만들어 줍니다. 매일 따분하기만 하던 수학과 과학이 어떻게 공학적으로 사회에 기여하는지 알게 된다면 공부의 재미도 느낄 수 있겠지요.

둘째, 직접 무언가를 만드는 즐거움입니다. 좋은 아이디어가 있더라도 구체적인 실행 능력이 없으면 스스로 아무것도 할 수 없습니다. 손과 머리는 서로 연결되어 있어 직접 손으로 만지다 보면 더 좋은 해결책이 떠오르기도 하지요. 공학 공부는 컴퓨터를 다루거나 프로그램을 작성하는 등의 훈련을 통해 이 실행 능력을 갖출 수 있게 해줍니다. 이때 습득한 능력은 평생토록 잊어버릴 수 없지요.

셋째, 성취하는 즐거움입니다. 머릿속으로 상상하던 것이 결과물로 만들어져 눈앞에 나타날 때나 프로그램이 의도한 대로 성공적으로 작동할 때의 기쁨은 이루 말할 수 없습니다. 무언가를 성공적으로 완성해 본 경험은 자신감을 충만하게 하고 자기 효능감을 높여 줍니다. 내가 만든 것을 사람들이 고마워하며 유용하게 사용하는 것을 보면 즐거움은 배가 되고 사회에 기여한 보람도 느끼지요.

무엇보다 공학만이 주어진 문제를 창의적으로 해결하고 자신이 상상하는 모습대로 세상을 만들어 가는 경험을 선사합니다. 이것이 바로 제가 미래의 주인공인 청소년들에게 공학을 권하는 궁극적인 이유입니다.

사람과 사회에 도움이 되는 학문, 공학

공학은 사람과 사회를 위한 기술입니다. 따라서 공학적으로 새로운 것을 만드는 데 사람과 사회를 연구하는 인문학적 관점과 사회과학적 관점이 필요합니다. 거꾸로 인문학적으로나 사회과학적으로 사람과 사회의 문제를 해결하는 수단으로도 공학은 최적이지요. '문제를 해결하는 방식으로서의 공학적 사고'를 익히는 것은 앞으로 급변하는 사회에 분명 큰 도움이 됩니다. 이 책을 통해 청소년 여러분이 공학에 대해 올바르게 인식하고 관심을 가질 수 있기를 기대합니다.

이번에 10쇄를 찍으며 일부 내용을 수정해 출간하게 되었습니다. 하루가 다르게 발전하는 과학기술의 최신 동향을 반영하였고, 특히 최근 큰 주목을 받고 있는 챗GPT로 대표되는 생성형 인공 지능에 관한 설명을 추가하였습니다. 앞으로도 지속적인 관심을 바랍니다.

2024년 7월
한화택

차례 Contents

CHAPTER 03 오늘날 우리는 공학이 만든 현실에서 살아가고 있어요

CHAPTER 04 공학은 이렇게 미래를 만들어 가고 있어요

CHAPTER 05 엔지니어들은 어떻게 생각할까요?

3.141
1M3FT

CHAPTER 01

공학이란 무엇일까요?

공학이란 정확히 무엇일까요? 많은 청소년은 공학이 과학이나 기술과 비슷하다고 생각합니다. 하지만 과학과 공학은 출발점부터 엄연히 다릅니다. 과학이 자연의 원리를 탐구하는 학문이라면, 공학은 이러한 과학 지식을 활용해 인류에게 필요한 무언가를 만들어 내는 응용 학문입니다. 여기서는 '공학이 과학과 어떻게 다른지' '엔지니어는 정확히 무슨 일을 하는지' '공과 대학에서는 무엇을 가르치는지'를 통해 공학이란 무엇인지 살펴보겠습니다.

01

창의적인 해결책을 만드는 학문, 공학

우리는 학교에서 국어, 영어, 수학, 과학, 사회, 기술, 음악, 미술, 체육 등을 배웁니다. 하지만 공학이라는 과목은 배우지 않습니다. 어른들은 종종 '취업을 쉽게 하기 위해서는 공과 대학에 가야 한다.'라고 말하지만 막상 학교에서는 공학이 무엇인지 가르쳐 주지 않지요. 그래서 많은 청소년은 공학이 과학이나 기술과 비슷하다고 생각하는 것 같습니다.

공학이란 정확히 무엇일까요? 공학은 '과학 지식을 이용하여 사람들에게 도움이 되는 새로운 제품이나 서비스를 만들어 내는 것'입니다. 영어로는 엔지니어링(engineering)이라고 하는데, 재능 또는 기술을 의미하는 라틴어에서 유래했지요. 엔지니어링은 활성화한다는 의미의 'en'

과 씨앗을 뜻하는 'gen'이 합쳐진 말로, 싹을 틔우는 일, 즉 창조적인 일을 의미합니다. 또 엔지니어는 공학을 수행하는 사람으로, 싹을 틔우는 사람, 즉 창조적인 활동을 하는 사람을 의미하지요. 따라서 엔지니어는 창의적이고 실용적이며 혁신적인 일을 하는 사람이랍니다.

과학은 탐구하고 공학은 창조해요

과학과 공학은 어떻게 다를까요? 쉽게 말하면 과학은 순수 과학을 의미하고 공학은 응용과학을 의미합니다. 요즘에는 과학과 공학의 경계가 모호해졌지만, 과학과 공학은 출발점부터 엄연히 다르답니다.

과학은 지적 호기심에서 출발하여 자연의 본성을 이해하기 위해 그 원리를 탐구하는 학문입니다. 자연 현상을 관찰하고 사물의 본질을 탐구해 인류의 과학 지식을 넓혀 나가지요. 지금껏 수많은 과학자가 하나둘씩 밝혀낸 갈릴레이의 지동설, 아인슈타인의 상대성 이론 등이 모두 과학, 즉 과학 탐구 활동의 결과물입니다.

반면에 공학은 이러한 과학 지식을 활용해 인류에게 필요한 무언가를 실제로 만들어 내는 학문입니다. 자연 현상이나 원리를 탐구하는 작업도 대단히 의미 있지만 실제 사람들의 생활을 편리하고 이롭게 하기 위해 없던 것을 새로이 창조하는 작업이야말로 정말 멋진 일이 아닌가

합니다.

과학은 맞고 틀림이 분명할 뿐 아니라 하나의 정답만이 존재합니다. 하지만 공학에는 정답이 존재하지 않습니다. 문제를 해결하는 데에는 여러 가지 방법이 있을 수 있기 때문에 다양한 해결책 중에서 최선의 방법을 찾아낼 뿐입니다.

과학과 공학의 이러한 차이에 대해 미국 항공우주국 나사(NASA)의 테오도르 폰 카르만 박사는 다음과 같이 명쾌하게 설명했습니다.

The scientist explores what is, and the engineer creates what had not been.

과학자는 세상에 존재하는 것을 탐구하고, 엔지니어는 세상에 존재하지 않는 것을 새로이 만들어 낸다.

간단히 말해서 과학은 탐구하고, 공학은 창조한다는 뜻입니다.

공학은 기술이 아니에요

우리는 과학 기술이라는 말을 흔히 사용합니다. 여기서 과학 기술은 과학과 기술이라는 서로 다른 두 가지 개념을 함께 표현한 것입니다. 과학은 앞서 설명한 바와 같이 순수 과학을 의미하고 기술은 테크놀로지(technology), 즉 사물을 솜씨 있게 다루는 특별한 방법이나 능력을 말합니다.

기술은 오랫동안 반복적으로 연습하면 습득하고 연마할 수 있습니다. 물건을 고치는 기술, 구두를 닦는 기술, 돌을 쌓는 기술, 높이 뛰는 기술 등 일상생활에서 흔히 사용하는 기술들은 굳이 과학과 관련지을 필요가 없습니다. 요즘에는 말하기나 연애에도 기술이라는 말을 붙여 사용하잖아요? 영화 〈타짜〉에서는 우스갯소리로 화투 다루는 것을 기술이라 하고, 도박꾼을 기술자라 부르기도 하지요.

공학과 기술의 관계는 동전의 앞뒷면과 같습니다. 공학은 기술을 과학적으로 뒷받침하기 때문입니다. 물론 기술은 과학 지식이 뒷받침해 주지 않더라도 경험에 의해 시행착오를 거치며 발전해 왔습니다. 하지만 과학 지식을 토대로 한 공학적인 방법을 통한다면 새로운 기술 혁신은 시행착오를 줄이고 효과적으로 꾀할 수 있지요.

역으로 기술의 발전이 공학의 발전을 이끌기도 합니다. 의학과 의술의 관계에 빗대어 설명해 볼까요? 학문적 배경 없이 경험에 의존하는 의술로 병을 고칠 수는 있습니다. 하지만 의술은 의학 지식이 뒷받침되어야만 빠르게 발전할 수 있습니다. 마찬가지로 의학 역시 의술이 함께 발전해야 더욱 크게 발전할 수 있습니다. 의술로 환자를 치료하며 쌓인

병이나 상처를 고치는 기술을 의술이라고 하고
인체의 구조와 기능을 조사해 질병이나
상해의 치료 및 예방에 관한
방법과 기술을 연구하는 학문은 의학이라고 합니다.
의술과 의학은 마치 동전의 앞뒷면과 같답니다.

데이터가 더 나은 치료 방법을 연구하는 데 도움이 될 테니까요.

공학과 기술, 의학과 의술만이 아니라 어학과 화술, 수학과 계산술, 미학과 예술 등 모든 학술 분야는 이론적인 측면과 기예적인 측면이 있습니다. 그래서 이 둘을 아우르는 말로 '학'과 '술'을 합쳐 학술이라고 합니다.

예술에 대한 이야기가 나와서 하는 말인데, 술은 술끼리 통한답니다. 다시 말해 기술과 예술은 한 뿌리입니다. 그래서 기술과 관계 있는 공학에서는 기술적 측면뿐만 아니라 예술적 측면도 매우 중요하게 생각합니다. 사실 사람들은 유용하면서도 보기 좋은 제품을 원합니다. 성능이 아무리 뛰어나도 디자인이 좋지 않은 제품은 외면하지요.

지렛대의 원리를 이용해 캔 따개를 만드는 경우를 생각해 봅시다. 지렛대의 원리, 즉 '팔 길이에 힘을 곱한 돌림힘은 일정하다.'는 원리는 잘 알려진 과학 원리입니다. 팔 길이가 길면 힘이 적게 들고, 팔 길이가 짧으면 힘이 많이 들지요. 그래서 따개의 팔 길이는 충분히 길어서 힘이 약한 사람도 돌림힘을 낼 수 있어야 하고, 손잡이는 잡기 좋으며 힘이 잘 전달되도록 설계해야 합니다. 또 따개가 부러지지 않도록 적절한 재료를 선정하고 구조를 튼튼하게 설계해야 하지요. 그런가 하면 기능만큼 외관을 중요시하는 소비자들을 위해 디자인도 예뻐야 합니다. 그러니 똑같은 과학 원리를 이용한다 하더라도, 설계자의 창의력에 따라 기발하고 재치 있으면서 보기 좋고 사용하기도 편한 캔 따개가 다양하게

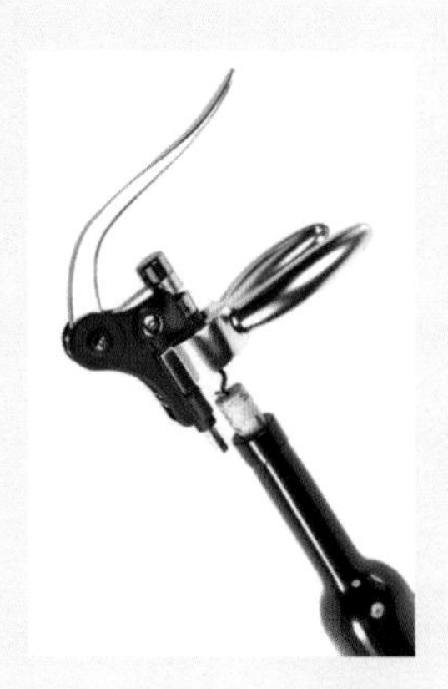

엔지니어들은 와인 병따개와 같은
간단한 도구도 재치를 발휘해
다양한 디자인으로 만들어 냅니다.

만들어질 수 있지요. 이처럼 간단한 과학 원리를 이용해 어떤 제품을 개발하는 데 필요한 설계부터 제작, 디자인에 이르는 모든 과정이 바로 공학입니다.

공학은 실물로 존재하는 제품뿐 아니라 눈에 보이지 않는 소프트웨어나 애플리케이션(앱) 같은 프로그램이나 방법론도 개발합니다. 스마트폰용 길 찾기 앱처럼요. 이 경우에도 개발자마다 자신만의 독특한 화면 구성과 알고리즘을 이용해 다양한 앱을 만들어 냅니다. 어떤 앱이 옳고 그른지는 판단할 수 없습니다. 어떤 앱이 사용자의 입장에서 더 쓰기 편하고 보기 좋게 만들어졌는지 판단하는 데에는 정답이 없기 때문입니다. 이처럼 어떤 목적을 달성하기 위한 공학적 해결 방법에는 하나의 정답만 있는 것이 아니기 때문에 공학에는 보다 높은 창의력이 요구됩니다.

알고리즘

어떤 문제를 해결하기 위한 절차, 방법, 명령어들의 집합을 알고리즘이라고 합니다. 컴퓨터 프로그램은 정확하게 무엇을 해야 할지, 어떤 순서로 해야 할지 구체적으로 알려 주어야만 명령을 수행합니다. 이때 프로그램이 어떻게 행동해야 할지 일종의 계획을 세워 주는 것이 바로 알고리즘이지요.

사람을 위해 고민하는 학문, 공학

우리가 매일 사용하는 각종 장치나 기계 속에는 기발한 작동 원리나 번뜩이는 생각이 많이 들어 있습니다. 스마트폰만 해도 각종 통신 기술과 데이터 압축 기술이, 냉장고에는 온도 제어 기술과 열전달 기술이 들어 있지요. 이들을 알아내는 것처럼 재미있는 일은 없습니다. 특히 공학에 관심이 많은 사람이라면 말이지요. 혹시 여러분 중에도 시계 바늘이 움직이는 것이 신기해 멀쩡한 벽시계를 분해하다가 튕겨져 나간 태엽과 쏟아져 나온 수많은 톱니바퀴에 압도당한 사람이 있나요? 아니면 고장 난 장난감을 고치려고 분해하다가 내부 구조와 작동 방식에 빠져들어 수리는 뒷전으로 미뤄 본 사람은 없나요?

기본적으로 사람들은 무엇을 만들거나 부수는 것을 좋아합니다. 그리고 공학은 이러한 본성을 가지고 있는 사람이 기술과 예술에 대한 이해를 바탕으로 과학이나 수학에 관한 지식 및 이론을 활용해 창의적인 해결책을 내놓는 학문입니다. 그리고 그 해결책들은 우리의 삶을 편리하고 이롭게 해주었으며 인류 문명을 선도해 왔습니다. 그렇기 때문에 공학은 과학이나 수학에 대한 이해뿐 아니라 사람과 사회에 대한 인문학적 이해도 필요로 합니다.

현대를 흔히 과학 기술 시대라고 합니다. 과학 기술의 발전 속도는 점점 빨라지고 있으며 인류 역사상 새롭고 신기한 제품들이 이렇게 많이 쏟아져 나온 적이 없습니다. 우리가 매일 아침 일어나는 방을 보세요. 컴퓨터, 스마트폰, 전자시계 등 첨단 제품을 포함해 온갖 편리한 기계와 도구들이 가득합니다. 그리고 머지않아 우리는 운전자 없이 자동차가 굴러다니며 휴먼 로봇이 여러 가지 심부름을 하는 세상 속에서 먹고 자고 일어날 것입니다. 그리고 이 모든 움직임의 중심에는 공학이 있을 것입니다.

02

엔지니어는 기술자가 아니라 설계자예요

우리는 아침에 일어나면 세수를 하기 위해 수도꼭지를 틀고 물을 손으로 받습니다. 아파트 물탱크에서 각 세대로 골고루 물이 공급되도록 설비엔지니어가 설계한 배관망 덕분입니다. 그리고 기계엔지니어가 제작하고 조립한 버스를 타고, 토목엔지니어가 건설한 도로를 달립니다. 또 전자엔지니어가 통신 회로를 구성한 스마트폰으로, 소프트웨어엔지니어가 개발한 스마트폰 앱을 실행합니다. 이 밖에도 우리 주변에는 기계 장치를 운전하고 수리하는 엔지니어도 있고 제품을 판매하고 관련 기술을 컨설팅하는 엔지니어도 있습니다. 이처럼 엔지니어가 하는 일은 다양하지만 그들 모두 우리에게 주어진 공학 문제를 해결한다는 공통점을 가지고 있습니다.

공학 문제를 창의적으로 해결하는 사람, 엔지니어

엔지니어는 자연과학 지식과 기술 지식을 총동원해 주어진 공학 문제를 해결합니다. 순수하게 진리를 탐구하는 과학자와 달리, 실제적인 측면에서 문제를 바라보지요. 하지만 현장에서 특정한 기술을 직접 적용하는 기술자나 기능인에 비하면 체계적이고 종합적인 방법으로 문제에 접근합니다. 즉 엔지니어는 과학자와 기술자 사이의 매개자로서 기술, 수학, 과학 지식을 고루 사용해 실용적인 측면에서 문제를 바라보고 해결합니다.

엔지니어의 가장 핵심 역할은 설계 작업입니다. 설계란 디자인을 말합니다. 단순히 설계 도면을 그리는 것이 아니라, 주어진 문제를 해결하기 위한 방안을 고안하고 기획하는 것이지요. 엔지니어는 우선 문제가 무엇인지 정확하게 파악하고 조사와 연구를 통해 여러 가지 해결 방안을 제시합니다. 그리고 그것들을 비교해 가장 적합한 방안이 무엇인지 찾아내지요. 이때 최종적으로 선택된 해결 방안은 제품이나 소프트웨어가 될 수도, 특정한 기술이 될 수도 있습니다. 창의적이라면 무엇이든 해결 방법이 될 수 있지요.

어느 마을의 교통 체증을 줄이기 위해 다리를 설계한다고 생각해 봅시다. 우선 엔지니어들은 다리를 만드는 데 필요한 요구 사항과 제한 조건들을 정확히 이해해야 합니다. 하루 동안 몇 대의 차량을 통행시켜야 하는지, 예산 범위와 공사 기간은 얼마나 되는지 파악해야 하지요. 또 다리를 설치할 강의 깊이와 강물의 속도, 강변의 지형, 주변의 시간대별 교통 상황, 우회로 등 다양한 요소들을 조사해야 합니다. 다른 다리들에 대한 설계 사례도 검토하고요. 이러한 조사를 바탕으로 다리 형태를 결정합니다. 그런 뒤 어디에 기둥을 세우며 인근 도로와 어떻게 연결시킬지 등 브레인스토밍을 합니다. 이때 장단점이 있는 다양한 생각이 나오기 마련입니다. 그리고 설계팀은 그중에서 가장 좋은 설계안을 찾기 위해 모형을 만들거나 시뮬레이션을 수행해 각각의 생각을 모두 점검하고 비교합니다. 차량의 무게를 잘 견딜 수 있는지, 홍수가 나더라도 쓸려 내려가지 않는지, 강풍에도 견딜 수 있는지 등 기준을 세워 검토하지요. 만약 모든 설계안에서 문제점이 발견되면 원점으로 돌아가 다시 설계합니다. 하지만 별 문제가 없는 가장 좋은 방안을 찾아내면 기본 설계는 유지하면서 부분적으로 개선하고 보완하는 작업을 하지요. 이 모든 과정을 거치고 나면 최종 설계 도면이 확정됩니다. 그리고 건설공학엔지니어들이 도면 그대로 다리를 시공하면 최종 결과물인 새로운 다리가 세상에 모습을 드러내지요.

그러면 과학자가 하는 일은 어떻게 다를까요? 엔지니어가 해결할 문제에서 출발한다면 과학자는 호기심에서 출발합니다. 과학자는 자연 현상을 관찰하고 분석해 나름의 가설을 세웁니다. 그리고 실험과 관찰을 반복해 검증해야 합니다. 그 후 여러 연구자들에게 인정받으면 새로운 가설은 자연법칙으로 태어나지요. 우리가 과학 시간에 배운 아르키메데스의 원리나 뉴턴의 만유인력의 법칙 등도 모두 이러한 과정을 거쳐 만들어진 과학 지식들입니다.

과학과 공학을 두고 이렇게 말하는 사람들이 있습니다.

> Science creates questions, while engineering creates solutions.
>
> 과학은 질문을 만들고, 공학은 해결책을 만든다.

엔지니어는 단순히 발명품을 만드는 사람이 아닙니다. 그들이 만들어 낸 모든 것은 눈에 보이는 문제나 혹은 보이지 않는 문제를 파악해, 우리의 삶을 개선시키고 풍요롭게 해줍니다. 즉 엔지니어는 사람들의 삶을 설계하고 있습니다.

전문 엔지니어가 되기 위해서는 어떻게 해야 할까요?

엔지니어가 되려면 공과 대학에 들어가는 것이 정석입니다. 물론 반드시 공과 대학에 입학해야만 엔지니어가 될 수 있다는 말은 아닙니다.

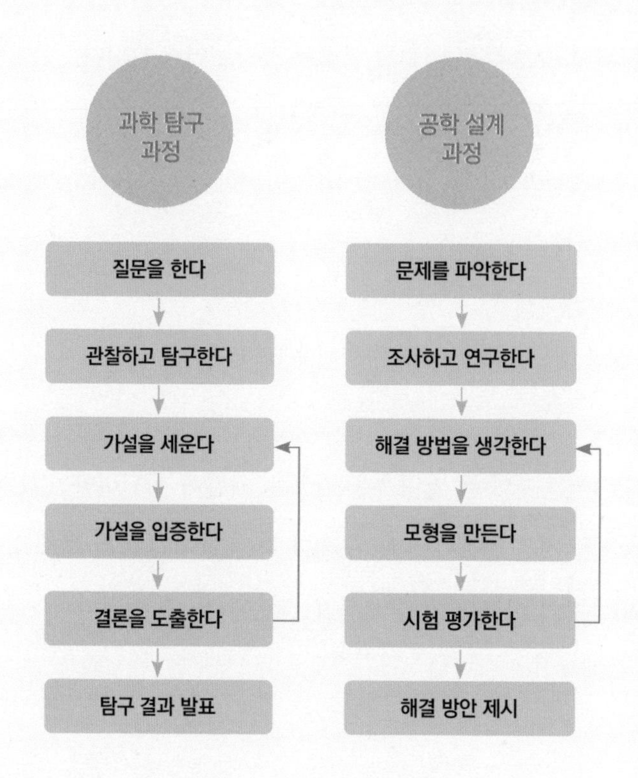

과학 탐구와 공학 설계 과정은
위와 같이 다릅니다.
대상과 목적이 다르기 때문 아닐까요?

다만 엔지니어가 되는 일반적인 방법을 이야기한 것입니다.

공과 대학을 졸업한 후 기사 시험에 합격하면 기사가 됩니다. 미국에서는 기사를 EIT(Engineer in Training)라고 하는데, 말 그대로 '수습 중인 엔지니어'를 의미합니다. 정보처리기사, 건축기사, 산업안전기사, 소방설비기사, 토목기사, 일반기계기사 등 종류도 매우 다양하지요.

기사 자격증을 취득하고 현장에서 실무 경력을 4년 이상 쌓으면 기술사라고 불리는 PE(Professional Engineer)에 도전할 수 있습니다. PE는 엔지니어링 라이센스(면허)를 가지고 있는 사람으로서, 공학 실무 분야의 최고 전문가이자 현장의 박사로 불립니다. 이 PE가 되어야 비로소 자기 이름을 걸고 기술사 사무실을 개업해 기술 영업을 할 수 있지요. 변호사가 개업을 하려면 법무 면허를 따야 하고, 의사가 의료 행위를 하려면 의료 면허를 따야 하는 것처럼요. 아무개 병원, 아무개 변호사 사무실처럼 자기 이름으로 아무개 기술사 사무실을 개업할 수 있는 것입

기사

기술 자격 등급의 하나로, 우리나라에서는 매년 4회씩 국가적으로 기사 시험이 치러지고 있습니다. 기계, 전기, 토목, 건축 등과 같은 공학 관련 종목뿐 아니라 일반 음식점과 집단 급식소를 직접 운영할 수 있는 조리산업기사나 직업을 상담해 주는 직업상담사, 전화를 통해 상품을 영업하는 텔레마케팅관리사 등도 기사 시험 시행 종목에 해당합니다.

니다. 이처럼 PE가 되어야만 비로소 직업적으로 진정한 엔지니어가 됩니다. 독자적으로 자기 이름을 걸고 엔지니어링 사무실을 개업할 수도 있고, 대기업 등에서 팀을 이끌며 시니어 엔지니어나 프로젝트 매니저 등으로 성장해 나갈 수도 있습니다.

엔지니어들마다 하는 일이 달라요

엔지니어는 하는 일에 따라 설계엔지니어, R&D엔지니어, 컨설팅엔지니어, 세일즈엔지니어, 서비스엔지니어 등으로 나눌 수 있습니다.

대부분의 엔지니어는 설계엔지니어입니다. 설계엔지니어 중에서도 좀 더 기초적인 내용을 분석하거나 근본적인 개발 연구를 수행하는 사람을 R&D엔지니어라 합니다. R&D는 연구를 뜻하는 'Research'와 개발을 뜻하는 'Development'의 약자로, 기술 개발 하면 으레 R&D라는 말이 따라 나오지요.

또 오랜 경험과 풍부한 지식을 바탕으로 다양한 현장 문제에 관해 자문이나 조언을 해주는 엔지니어를 컨설팅엔지니어라고 합니다. 그들은 실제 설계에는 참여하지 않지만 기술을 지도하며 문제를 해결하고 설계에도 도움을 줍니다. 그러다 보니 상당히 고가의 기술 자문료를 받으며 따로 전문 컨설팅 업체를 운영하기도 합니다.

세일즈엔지니어는 제품을 홍보하고 판매하는 엔지니어를 말합니다. 제품 홍보와 판매를 담당한다고 해서 우리가 흔히 알고 있는 외판원 정도로 이해하면 곤란합니다. 제품의 사양과 관련 기술 내용을 잘 알고 전 세계를 다니며 막대한 돈이 오고 가는 영업 활동을 하거나 기술 상담을 해주기 때문입니다.

마지막으로 서비스엔지니어는 소비자가 구매한 제품 또는 서비스에 문제가 생긴 경우, 이를 상담해 주고 수리하는 일을 합니다. 여러분이 가장 쉽게 접하는 컴퓨터수리기사, 스마트폰수리기사 등이 모두 서비스엔지니어지요. 하지만 이들의 업무는 단순히 고객들의 불평불만에 대응하고 수리하는 것에 그치지 않습니다. 본사에 불량 유형을 보고하고, 특정 불량이 꾸준히 나온다면 이를 분석해 개선 방안을 도출하는 일도 그들의 업무입니다. 즉 서비스엔지니어는 시장에 나온 제품 또는 서비스의 품질을 전반적으로 관리하는 엔지니어지요.

03

공과 대학에서는 무엇을 배우나요?

모든 대학의 전공 과정은 중고등학교의 교과 과정과 다릅니다. 같은 수학 과목이라 할지라도 대학의 전공 수업은 중고등학교의 수업과 전혀 다른 방식으로 진행되지요. 그러니 여러분이 중고등학교 정규 교과 과정에 없는 '공학'이라는 학문을 제대로 알지 못하는 것은 전혀 이상한 일이 아닙니다. 실제로 공과 대학을 선택한 신입생들조차 '공학을 전공하면 무엇을 배우는지' 가장 궁금해하지요.

공과 대학에 들어가면 기계, 전자, 토목 등 전공에 따라 배우는 과목이 서로 다르지만, 공통적으로 물리, 화학, 공업수학, 프로그램 등을 배웁니다. 과학은 공학의 학문적 배경이 되고 수학은 문제 해결을 위한 도구가 됩니다. 따라서 엔지니어는 기본적인 과학 지식과 수학 지식을 가지고 있어야 합니다. 과학자나 수학자처럼 스스로 원리를 탐구하지는 않더라도 지금까지 인류가 축적해 놓은 지식들은 알고 있어야 하지요. 물론 단순히 아는 정도를 넘어, 깊이 있게 이해할수록 응용할 수 있는 능력은 더욱 커질 것입니다.

엔지니어라면 알고 있어야 하는 기본 지식, 과학

물리학은 자연 현상에 관한 원리를 탐구하는 학문으로, 그중에서도 고전물리학은 여러 공학 전공의 기초가 됩니다. 고전물리학은 크게 역학, 전자기학, 광학 등으로 나뉩니다. 역학은 힘(力)과 관련된 운동과 에너지를 다룹니다. 과거 코페르니쿠스가 관찰한 천체의 움직임이나 뉴턴이 밝혀낸 중력 법칙 등이 여기에 해당하지요. 세세하게는 물체의 움직임을 다루는 동역학, 힘과 변형을 다루는 재료역학, 액체와 기체의 흐름을 다루는 유체역학, 열과 에너지를 다루는 열역학 등이 있습니다. 역학은 움직이는 모든 물체와 관련이 있으며, 기계공학을 비롯한 자동차공학, 항공공학, 구조공학 등 모든 공학 분야의 기반이 됩니다.

전자기학은 전하와 물질, 전기장과 자기장 그리고 전자기파 등을 탐구하는 분야로 전력 에너지와 같은 고압의 전기, 즉 강전을 다루는 전기공학과 저압의 신호, 즉 약전을 다루는 전자공학의 기초가 됩니다.

전류와 저항의 관계를 나타내는 옴의 법칙이나 전자기 유도 원리를 설명하는 패러데이의 법칙 등이 여기에 해당하지요. 그리고 이 전자기학에서 현대의 IT 문명을 이끌고 있는 제어공학, 통신공학, 컴퓨터공학 등이 생겨났습니다.

광학은 빛에 관련된 물리 현상을 탐구합니다. 빛이 렌즈를 통과하면 어떻게 굴절하고 반사되는지, 빛을 통과하는 물질은 어떤 특성을 가지고 있는지 등을 연구하지요. 전통적으로 카메라, 안경 등에 응용하는 수준에 머물던 광학 분야는 최근 디스플레이와 빛을 에너지 송수신 수단으로 사용하는 기술에 사용되면서 주목받고 있습니다.

화학은 물질의 기본 구조와 성질 그리고 화학 반응을 탐구하는 학문입니다. 공학에서 활용하는 것은 응용화학으로, 주로 물질의 성질이나 화학 반응을 다룹니다. 물질은 무기(無機)물과 유기(有機)물로 나눌 수 있습니다. 무기물은 각종 금속을 포함해 유리나 돌 같은 비금속 물질을 말하고, 유기물은 음식물이나 석유 또는 목재 같은 생명에서 유래된 물질을 말합니다. 공학에서는 이러한 금속, 비금속, 유기 화합물 등에 관한 특성을 분석하고 제조 과정이나 응용 기술을 개발합니다.

순수 금속이나 합금 등의 금속은 금속공학에서 다룹니다. 다양한 금속 중에서도 철은 공업의 쌀이라고 할 정도로, 모든 산업에 없어서는 안 될 핵심 소재입니다. 금속 외에 도자기나 유리 같은 무기 화합물은 신소재공학에서 다룹니다. 세라믹, 탄소 나노 튜브 등 첨단 재료를 다루는 매우 중요한 분야로 자리 잡고 있지요. 화학공학은 유기 화합물을 합성하고 가공해 새로운 물질을 만들어 내고, 이들의 특성과 화학 반응을 탐구하며 물질을 어떻게 만들지 제조 공정을 설계합니다. 유기 화합물은 주로 석유에서 만들어지는 각종 플라스틱이나 비닐 그리고 여러 가지 용제를 말합니다. 주변 어디에서나 수많은 종류의 유기 화합물을 발견할 수 있지요.

마지막으로 생물학은 물리학이나 화학과 달리 살아 있는 생명체를 탐구하는 학문입니다. 생물 내 화학 현상을 연구하는 생화학, 분자 수준에서 생명 현상을 탐구하는 분자생물학, 세포에서 일어나는 생명 현상을 다루는 세포생물학, 기관이나 조직을 연구하는 생리학, 다양한 생물 개체들의 관계를 탐구하는 생태학 등이 있지요.

지금까지 생물학은 전통적인 공학 분야의 주 대상이 아니었고 널리 응용되지도 않았습니다. 하지만 유전자의 본체인 DNA의 이중 나선 구조가 밝혀지면서 상황은 달라졌습니다. 생명 현상에 공학적으로 접근

용제

용액에 어떤 성분을 녹이는 데 사용한 성분을 용제라고 합니다. 예를 들어 식초, 식염수, 알칼리액 등에 사용된 물이 바로 용제지요.

하는 것이 가능해졌기 때문입니다. 그 결과 유전자 조작이나 생물 복제를 연구하는 유전공학과 세포 융합으로 배양한 효소를 사용해 의약 물질을 만드는 생체 재료 분야가 생겨났습니다. 또 생명체에서 발생하는 신호를 받아 뇌와 기계를 연결하려는 시도가 계속되면서 뇌공학이나 신경인지공학 등이 놀라운 속도로 발전하고 있습니다. 게다가 심장 같은 인공 장기를 만드는 생체역학이나 의료 재활 기구를 개발하는 재활공학 등 다양한 의공학 분야에 대한 관심이 높아지면서 생물학의 중요성이 크게 강조되고 있지요.

엔지니어는 수학을 이용해 문제를 해결해요

공업수학은 공학 분야 대부분의 기초가 됩니다. 그런데 이 공업수학은 수학 전공자가 배우는 수학과 다릅니다. 엔지니어는 새로운 수학 논리를 발견하거나 수학 진리를 증명할 필요 없이 수학을 응용하는 방법을 알아야 하기 때문이지요. 즉 엔지니어에게 수학은 공학 문제에 접근하는 하나의 해석 도구입니다. 그래서 공과 대학 학생들은 전공에 관계없이 미분 방정식을 가장 중요하게 배우고, 그 밖에 선형 대수학과 기하학 그리고 통계학 등을 배웁니다.

공학은 현실 문제를 다루기 때문에 사용하는 방정식이나 숫자 모두 실제 물리량과 관련이 있습니다. 따라서 모두 단위를 가지고 있지요. 그러다 보니 엔지니어는 일상생활에서도 사물을 수학적으로 분석하고, 매사를 정량적으로 표현하는 특성을 가지고 있습니다. 두루뭉술하게 이야기하는 것보다 숫자를 사용해 정확하게 표현하는 것을 좋아하지요. 또 말보다는 수식이나 그래프로 소통하는 것을 좋아하고요.

이러한 엔지니어의 특성을 빗대어 여러 가지 공대생 유머가 생겨나기도 했습니다. 공대생들은 초코파이에 들어 있는 초콜릿(초코)의 함유량을 계산할 수 있다고 합니다. 초코를 초코파이로 나누면 되니까 분자와 분모에서 초코를 약분하면 파이 분의 1이 되어 결국 초코의 함유량은 0.32라는 결과가 나오지요(소수점 밑에서 두 번째 자리 올림). 즉 초코파이의 초코 함유량이 32퍼센트라는 이야기입니다.

다음과 같은 수식으로 나타낼 수 있습니다.

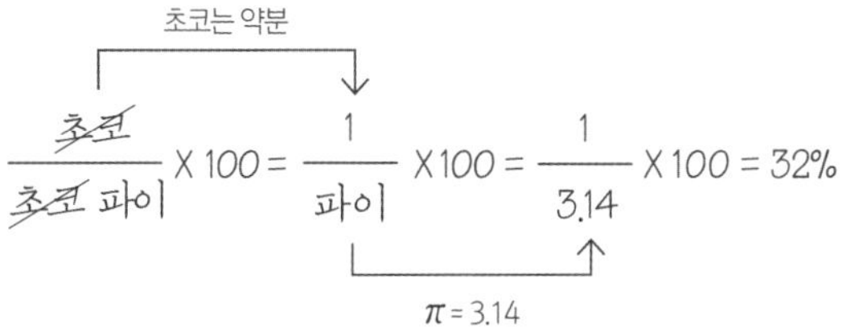

초코는 약분

$$\frac{\text{초코}}{\text{초코 파이}} \times 100 = \frac{1}{\text{파이}} \times 100 = \frac{1}{3.14} \times 100 = 32\%$$

$\pi = 3.14$

그런데 엔지니어들은 자신의 수학 지식을 이용해 실제로 문제를 해결하는 일이 거의 없습니다. 왜냐하면 실제 공학 문제들은 너무 복잡해서 대부분 직접 손으로 풀 수 없기 때문입니다. 대부분이 컴퓨터를 이용해 문제를 해석하지요. 따라서 공학에서 수학은 문제를 푸는 직접적인 수단이 아니라 문제에 접근하고 사고하는 논리적 도구로 이해하는 것이 좋습니다.

그러면 어떻게 컴퓨터로 공학 문제를 풀 수 있을까요? 먼저 관련 상용 프로그램을 사용해야지요. 그러기 위해서는 소프트웨어 사용법을 익혀야 하고요. 아니면 직접 프로그램을 작성해야 하는데, 이는 컴퓨터 언어를 익혀야 할 수 있는 일입니다. 컴퓨터 프로그램이란 공학 문제를 풀기 위한 알고리즘이고, 기계나 장치를 움직이게 하는 명령문입니다. 이때 컴퓨터가 이해할 수 있는 인공 언어로 프로그램을 만드는 일을 프로그래밍(programming)이라고 합니다. 최근에는 코딩(coding)이란 말을 많이 사용하는데, 명령을 컴퓨터 언어로 부호화한다는 의미에서 프로그래밍과 코딩은 같은 의미입니다.

컴퓨터 언어에는 사람이 알아보기 어려운 어셈블리(assembly)부터 사람의 언어와 유사한 C++, 자바(Java) 또는 파이선(Python) 같은 언어들이 있습니다. 엔지니어들은 이 중에서 애니메이션 제작, 웹 개발, 앱 개발, 시스템 개발 등 용도에 따라서 프로그래밍 언어를 선택합니다. 컴퓨터 언어를 배우는 일은 마치 외국어 하나를 배우는 것과 같습니다. 문법을 익히고 연습을 많이 해야만 자유자재로 구사할 수 있거든요. 외국인과 소통할 수 있게 되듯이 컴퓨터와 소통할 수 있는 채널이 생기는 것입니다.

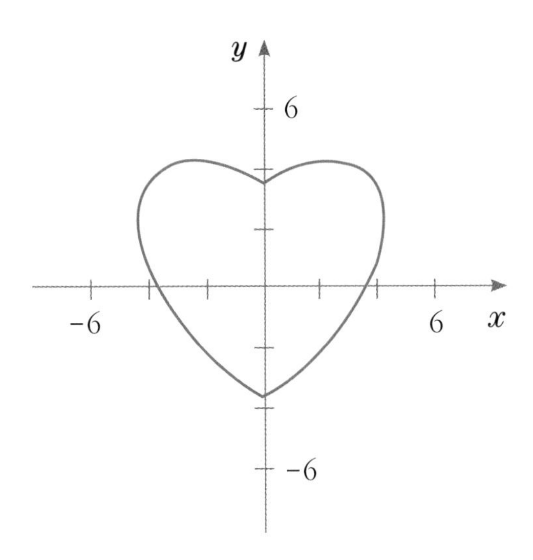

$$17x^2-16|x|y+17y^2=225$$

공대생들은 사랑도 수학식으로 표현하고
연애편지도 컴퓨터 프로그램을 이용해 쓴다고 합니다.
물론 재미 삼아 한 이야기니 오해하지는 마세요.

코딩 교육의 목적은 컴퓨터의 사고방식을 익히는 것

코딩 교육에서는 학생들이 컴퓨터적으로 사고하도록 훈련하는 것을 가장 중요하게 여깁니다. 사람이 인식하는 방식과 컴퓨터가 인식하는 방식은 다릅니다. 예를 들어 사람은 고양이를 보면 고양이라고 바로 인지합니다. 하지만 컴퓨터가 고양이 이미지를 보고 개가 아닌 고양이로 인식하도록 코딩하기란 여간 어려운 것이 아닙니다. 컴퓨터는 반복적인 작업이나 어려운 계산은 쉽게 하지만 무엇을 인식하거나 알아서 처리하는 작업은 잘 못하기 때문입니다.

구체적인 예로 라인 트레이서(Line Tracer)를 코딩하는 경우를 생각해 봅시다. 라인 트레이서란 정해진 주행선을 따라서 움직이는 자율 이동 로봇을 말합니다. 사람에게 명령을 내릴 때는 "바닥에 그려진 선을 따라서 똑바로 걸어가세요."라고 말하면 간단합니다. 선을 볼 수 있는 사람이라면 특별한 경우를 제외하고 큰 어려움 없이 선을 따라 걸어가지요. 하지만 라인 트레이서는 바닥에 그려진 선을 인식해서 따라가라는 사람의 언어를 이해하지 못합니다. 따라서 사람은 로봇이 알아들을 수 있는 방식으로 명령해야 합니다.

먼저 라인 트레이서에게 "바닥을 비추는 적외선 전구를 켜라. 빛이 반사되어 돌아오는 밝기를 중앙과 좌우 세 개의 광센서로 측정하라."라고 말합니다. 만일 주행선이 검은색이라면 "측정된 밝기를 비교해서 셋

사람의 사고방식과 기계의 사고방식은 다릅니다.
그리고 코딩 교육은 사람의 사고방식과는 전혀 다른,
컴퓨터의 사고방식을 배우는 것입니다.

중 가장 어두운 것을 찾아라."라고 해서 라인 트레이서 자신이 주행선의 좌우 어느 쪽에 위치하고 있는지 알아내도록 합니다. 그런 다음, 로봇이 자신의 위치에 따라 양쪽 바퀴의 회전 속도를 조절해 주행선이 있는 쪽으로 방향을 틀어야 하므로 "만일 왼쪽 것이 가장 검다면 오른쪽 바퀴를 빨리 돌려라. 오른쪽 것이 가장 검다면 왼쪽 바퀴를 빨리 돌려라. 가운데 것이 가장 검다면 두 바퀴 모두 돌려라."와 같이 여러 가지 경우의 수에 맞춰 코딩합니다. 그러고 나서도 밝기를 얼마나 자주 측정해야 하는지, 얼만큼의 속도로 바퀴를 돌려야 하는지 등 세세한 부분까지 일일이 코딩해야 하지요.

이처럼 사람이 어렵게 생각하는 것과 기계가 어렵게 생각하는 것은 서로 다릅니다. 그리고 코딩 교육은 프로그램을 잘 만들기 위한 것이 아니라 컴퓨터의 논리에 맞춰 사고하는 능력을 기르는 데 목적이 있습니다. 수학 교육의 목적이 계산력을 높이는 데 있지 않고 논리적 사고 능력을 기르는 데 있는 것처럼요.

최근 코딩 교육이 열풍처럼 번지고 있습니다. 코딩을 잘해야 앞으로의 세상에서 유리하다고 합니다. 맞는 이야기입니다. 하지만 코딩 교육이 방향을 잘못 잡으면 또 다른 시험 위주의 교육이 되어 버리고 맙니다. 배운 대로 숙달해 코딩하게 하거나 외워서 코딩하도록 함으로써 또 하나의 불필요한 과목으로 전락할 수 있지요.

영어 단어를 많이 알고 시험 성적이 좋다고 반드시 영어를 잘하는 것은 아닙니다. 언어를 구사하는 것은 다른 사람과 소통하는 것이므로 듣는 사람 또는 읽는 사람의 입장에서 마음에 와닿는 훌륭한 문장으로 멋지게 표현할 수 있어야 합니다. 코딩도 마찬가지입니다. 코딩을 잘하는 것은 단순하게 오류 없는 것만으로 충분하지 않습니다. 논리적인 알고리즘으로 컴퓨터가 잘 알아들을 수 있도록 간결하고 명확하게 작성하는 것이지요. 따라서 인공 지능과 컴퓨터가 주도하는 미래를 살아갈 여러분은 코딩 교육의 본래 목적에 따라 컴퓨터와 대화하는 방법을 올바르게 배워야 합니다.

엔지니어는 머리로 배운 이론을 응용할 수 있어야 해요

공학 교육에서 실험 실습 교육은 아무리 강조해도 지나치지 않습니다. 실험 실습은 실험과 실습으로 이루어집니다. 공학 실험은 과학 실험과 유사하지만 실험 대상이 보다 구체적입니다. 기계공학과에서는 로봇이나 엔진 등에 관한 기계 실험을 하고, 전자공학과에서는 신호 측정이나 회로 실험 등을 합니다. 토목공학과에서는 교량 구조나 수질 실험 등을 하고요.

반면에 공학 실습은 측정이나 제작과 관련해 간단한 작업을 직접 수행합니다. 숙달된 기능인을 목적으로 하는 것이 아니라 공학 설계 과정에서의 제작 방법을 이해하기 위한 것이지요. 보통 기계공학과에서는 부품 제작 실습을, 전자공학과에서는 납땜 실습을, 토목공학과에서는 측량 실습을 합니다.

공학은 실용적인 학문이기 때문에 공과 대학에서는 머리를 쓰는 이론 교육과 함께 손을 쓰는 핸즈온(hands-on) 교육을 중요하게 여깁니다. 손으로 익히는 핸즈온 교육을 거쳐야만 머리로 배운 이론을 확실하게 이해하고 실제로 응용할 수 있기 때문입니다. 그래서 컴퓨터 소프트웨어를 작성하고 프로그래밍 능력을 높이는 수업과 직접 하드웨어 장치를 만지는 수업 등을 실시하지요. 최근에는 여러 공과 대학에서 종합적인 참여형 설계 교육을 강화하고 있습니다. 학생들은 직접 공학 작품을 계획하고, 실제로 부품을 만들며, 센서를 설치해 컴퓨터나 스마트폰으로 측정하고, 모터를 구동해 물체를 움직이지요.

공학은 처음에는 공부하기 조금 어려울지 모르지만, 일단 열심히 해두면 나중에 전공 지식을 이용해 신기술을 개발하거나 신제품을 만드는 식의 창의적인 활동을 가능하게 해줍니다. 얼마 전에 저는 한 변호사에게 공과 대학 출신들이 부럽다는 말을 들었습니다. 그동안 공대 졸업생들이 국가 발전에 기여한 것에 비해 사회적으로 걸맞은 대우를 받지 못한다고 생각해 온 터라, 저는 전통적으로 우리나라는 문과 출신이 더 높은 대우를 받지 않느냐고 반문했습니다. 그러자 그분은 남들이 부러워할지 몰라도 법적으로 다투는 일만 평생 쫓다 보니 일이 즐겁지 않고 얼굴을 찌푸릴 때가 많다고 했습니다. 반면에 공대 출신들은 창의력을 발휘해 평생 생산적인 일에 몰두할 수 있으니 얼마나 좋냐고 하더군요.

그분의 말처럼 엔지니어는 창의적인 방법으로 공학 문제를 해결하는 사람입니다. 평생 동안 창의적이고 생산적이며 건설적인 활동을 하면서 살아갈 수 있지요. 그러니 저는 여러분이 꼭 엔지니어가 되지 않더라도, 공학적으로 사고하면 좋겠습니다. 공학적인 사고는 분명 상상도 할 수 없는 일들이 펼쳐질 미래 사회에서 유용하기 때문입니다.

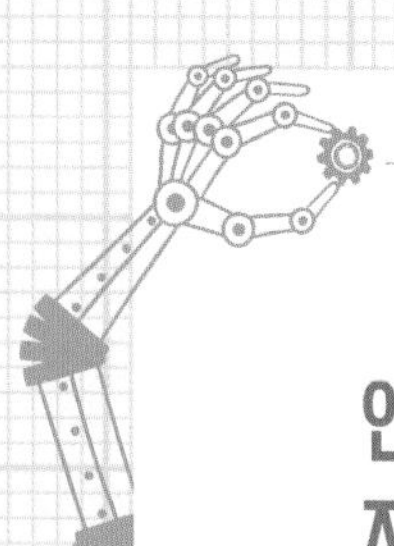

엔지니어에게도 지켜야 할 것이 있다고요?

공학 윤리

엔지니어는 자신의 공학 능력과 전문 지식을 가지고 성실하게 사회적 책임을 다해야 합니다. 또한 자신이 설계하고 개발한 제품의 성능과 품질에 대해서도 자부심과 함께 책임감을 가져야 하지요.

공학 기술은 칼과 같습니다. 칼은 환자를 수술하는 데 쓰면 사람의 생명을 구하지만 잘못 쓰면 사람을 해칠 수도 있습니다. 같은 예로 노벨이 개발한 강력하고 안전한 폭탄인 다이너마이트(TNT)는 광산 개발과 도시 건설에 크게 기여했습니다. 하지만 전쟁에 사용되면서 많은 건물을 파괴하고 사람을 다치게 했지요. 이런 이유로 공학 기술은 개발하는 것도 중요하지만 어떻게 사용하는지도 매우 중요합니다.

특히 요즘과 같이 공학 기술이 고도화될수록 사고의 위험성은 점점

• 알프레드 노벨 | 다이너마이트 •

높아집니다. 사고가 나기만 하면 대형 사고로 이어지지요. 과거 사람들이 걸어 다닐 때에는 닥칠 수 있는 위험이 돌부리에 걸려 넘어지는 정도에 불과했다면, 이제는 자동차에 치일 가능성도 있는 것입니다. 그뿐인가요? 운행 중인 선박이나 비행기에 사고가 나면 정말 살아남기 어렵습니다. 또 모닥불이 유일하게 얻을 수 있는 빛이나 열일 때는 화상이 가장 큰 위험이었다면, 이제는 원자력 발전소가 폭발해 평생 고치지 못할 병에 시달릴 가능성도 있습니다. 2011년에 발생한 일본 후쿠시마 원전 사고가 그랬지요.

이외에도 1986년 미국 우주 왕복선 챌린저호 폭발, 1994년 우리나라 성수대교 붕괴, 2007년 서해안 원유 유출, 2008년 이천 냉동 창고 화재 등 최근 공학과 관련된 제품의 결함, 안전 사고, 환경 오염에 관한 뉴스가 끊이지 않고 있습니다. 이런 뉴스가 들려올 때마다 엔지니어는 누구보다 안전에 유의해야 한다는 사실을 되새깁니다.

기술사 윤리 헌장에 따르면 엔지니어는 공중의 안전과 건강 및 복지를 가장 우선으로 생각해야 합니다. 그런가 하면 고용주와 고객의 성실한 대리인 또는 수탁인으로도 행동해야 하지요. 당연한 이야기입니다. 하지만 사회적인 이익과 고용주의 이익이 충돌하는 경우가 종종 있습니다. 엔지니어로서 고용주와 의견이 다를 때나 두 개의 다른 가치가 충돌할 때도 있지요. 그럴 때면 그것들을 어떻게 조화시킬지 윤리적 딜레마가 생깁니다.

미국 우주 왕복선 챌린저호는 시험 과정에서 오링 연결 부위에 문제가 있음이 발견되었습니다. 엔지니어들은 발사 연기를 요청했지요. 하지만 발사는 예정대로 강행됐습니다. 커다란 국민적 기대를 받고 있는 우주 왕복선이라 작은 기술적인 문제로 발사를 중단할 수 없었기 때문입니다. 그 결과 발사 72초 만에 우주선이 폭발하면서 탑승한 승무원

• 우주 왕복선 챌린저호 | 챌린저호가 폭발하는 모습 •

전원이 사망하는 안타까운 일이 발생했지요.

회사가 경제적 이윤을 위해 제품을 사용할 소비자의 안전이나 사회적 책임을 무시하는 경우도 있습니다. 반대로 교통 혼잡을 줄이기 위해 터널을 뚫어야 하는 경우, 어쩔 수 없이 일부 산림을 훼손하는 식으로 자연 환경을 파괴하지요. 여러분이라면 경제적 이윤과 소비자의 안전 중 어느 쪽을 선택할 건가요? 교통 편의라는 가치와 환경 보호라는 가치 중에서는요?

공학 기술이 고도화되고 복잡해지면서 가치 판단은 점점 어려워지고 있습니다. 최근에는 환경 문제 외에도 정보 공개, 사생활 보호, 사회적 책임과 양심 사이의 딜레마 등 공학 윤리에 관한 문제가 상당히 복잡해지고 있습니다. 게다가 공학의 응용 범위가 생명공학이나 인공 지능으로 넓어지면서 공학 윤리는 상당히 중요한 문제로 떠오르고 있지요.

예를 들어 자신이 직접 자동차를 운전하며 가고 있는데 앞에 가던 트럭에서 갑자기 커다란 짐이 떨어졌다고 생각해 보세요. 사고를 피하려면 어쩔 수 없이 옆으로 차선을 변경해야 합니다. 그런데 왼쪽에는 큰 버스가 지나가고, 오른쪽에는 오토바이가 달리고 있다면 여러분은 어떻게 할 건가요? 경황이 없겠지만 무의식적으로 어떻게든 행동할 겁니다.

그런데 자율 주행 자동차가 똑같은 상황을 맞는다면 어떻게 대처하도록 입력해야 할까요? 자율 주행 자동차 설계자는 모든 상황에 대한 판단 원칙을 미리 프로그램에 입력해 놓아야 합니다. 어떤 선택이든 사람이 덜 다치게 할 수도 있고, 여러 명이 다치더라도 죽는 사람이 생기지 않도록 할 수도 있지요. 그런가 하면 다른 사람이 죽더라도 자신만은 다치지 않게 프로그램을 짤 수도 있습니다. 무서운 이야기지요. 만약 왼쪽 차선으로 변경한다면 버스와 충돌해 많은 사람이 다칠 수 있습니다. 오른쪽 차선으로 변경하면 맨몸으로 달리고 있는 오토바이 운전자가 분명히 생명을 잃지요. 하지만 어느 쪽이든 결정하지 않으면 떨어진 짐과 충돌해 자신이 죽을지도 모릅니다. 결정하기 쉽지 않은 문제입니다.

• 자율 주행 자동차 •

자율 주행 자동차가 급작스러운 상황에 잘 대비할 수 있도록 프로그램을 설계하기 위해서는, 그러니까 엔지니어가 사회적 책임을 다하기 위해서는 성실함만으로는 부족합니다. 자신이 수행하는 일이 사회에 어떤 영향을 미치고 있는지 생각해야 하고, 궁극적으로는 사회에 유익한지 항상 스스로에게 질문해야 하지요. 확고한 책임 의식을 가지고 명확한 가치 판단을 하며 지킬 것은 지켜야 비로소 훌륭한 엔지니어라고 할 수 있습니다.

3.141
1M3FT

공학은 어떻게 역사를 움직였을까요?

공학은 왜 우리에게 중요할까요? 바로 우리가 사는 지금을 만들었기 때문입니다. 고대 시대부터 시작된 공학적인 사고와 거기에서 비롯된 발명품들은 국가와 문명을 탄생시켰고, 중국과 서양을 이어 세계를 탄생시켰습니다. 자격루, 앙부일구, 금속활자, 신기전 등 우리나라의 뛰어난 발명품들만 보아도 역사를 바꾸는 데 공학이 어떻게 기여했는지 알 수 있지요.

01

공학은 고대 시대부터 시작됐어요

인간을 학명으로 호모 사피엔스(Homo-sapiens)라고 합니다. '생각하는 사람'이라는 뜻입니다. 또 다른 말로는 호모 파베르(Homo-faber)라고도 합니다. 라틴어로 파베르가 도구라는 뜻이니까 호모 파베르는 '도구를 만들어 사용하는 인간'이라는 뜻이지요.

이 말에 걸맞게 우리가 사용하는 모든 인공물은 누군가가 고안하고 만든 것입니다. 전등, 에어컨, 냉장고, 비누, 유리, 도자기, 칼, 스마트폰, 메모리카드, 나침반, 연필, 책, 활자, 페니실린, 시계, 달력, 나사, 도르래, 바퀴 등 일일이 셀 수조차 없을 정도로 많은 것이 발명되었습니다. 자연물을 제외한 모든 것이 발명되었다고 할 수 있지요.

이러한 도구들을 만들기 위해서는 새로운 기술이 필요합니다. 그리고 인간은 좀 더 편리하고 유용한 도구를 만들기 위해 끊임없이 기술을 고안하고 발전시켰습니다. 그리고 그 결과는 역사를 움직였습니다. 실로 인류의 역사를 살펴보면, 석기 시대를 거쳐 청동기, 철기 시대, 산업혁명 이후, 현대 문명에 이르기까지 시대의 발전사를 곧 도구의 발전사라고 할 수 있습니다. 공학적으로 도구가 어떻게 발명되고 개량되는지에 따라 역사가 큰 전환점을 맞이한 것입니다.

인간이 발명한 도구 중에는 세상에 영향을 크게 미친 것도 있고 그렇지 않은 것도 있습니다. 또 세상에서 이미 사라진 것도 상당히 많습니다. 여기서부터는 고대부터 중세까지 역사를 바꾼 도구, 즉 발명품들을 살펴보고자 합니다. 이를 통해 우리는 앞으로의 공학 기술이 어떤 방향으로 발전할지 또 그에 따라 어떤 모양으로 미래가 펼쳐질지 가늠해 볼 수 있을 것입니다. 발명은 인류의 역사와 함께 시작해 계속 나아가고 있으니까요.

고대에도 엔지니어들이 있었어요

석기 시대에는 돌로 만든 단순한 도구를 사용했습니다. 주변에서 얻을 수 있는 재료가 돌과 흙 그리고 나무와 같은 자연 소재가 전부인 상황에서 잘 다듬어 만든 돌도끼는 당시 최첨단 도구였을 것입니다. 지금 우리들이 쓰는 스마트폰처럼 말이지요. 그래서인지 고대 사람들은 나무를 자를 때나 잡은 동물을 자를 때, 심지어 의식을 행할 때도 돌도끼를 요긴하게 사용한 것으로 보입니다.

돌을 원하는 모양으로 다듬기 위해서는 나름대로 손재주가 있는 기술자가 필요했을 것입니다. 망치나 숫돌은 없었을 테니 단단한 돌로 두드리거나 평평한 돌 위에 올려놓고 문질러 원하는 형태로 돌을 만들었지요. 한쪽은 뭉툭하고 반대쪽은 날카롭게 비대칭 모양으로 다용도 맥가이버칼을 만들기도 하고, 손가락 위치에 길쭉한 홈을 파 잡기 편하게 만들기도 했습니다.

최근에는 아프리카에서 이전까지 본 적 없는 형태의 돌도끼가 발견되기도 했는데, 표면에 색소를 입힌 일명 색깔 돌도끼였습니다. 그런가 하면 평소에는 손잡이나 자루를 끼워서 쓰고 유사시에는 잡아 던질 수 있도록 디자인된 다목적 돌도끼와 긁개나 송곳 같은 모양의 도구도 발견되었지요. 이렇게 돌 하나의 제작 방식만 살펴봐도 인류는 태어날 때부터 엔지니어로서의 자질을 가지고 있었던 것으로 보입니다.

원시 시대의 그릇은 진흙을 빚어 만들었습니다. 젖은 흙은 마르면서 딱딱한 토기가 되어 먹을 것을 담아 두기 좋았습니다. 그러던 중 음식물을 익히는 과정에서 우연히 불에 탄 그릇이 단단해지고 표면이 매끈해지는 것을 발견했습니다. 이후 오랜 세월에 걸쳐 각 지역마다 여러 가지 시행착오를 거치면서 도자기를 굽는 독특한 기술을 발전시켰지요.

기원전 2700년경의 돌도끼입니다.
고대 엔지니어들이 만든 돌도끼는
당시 최첨단 제품이었지요.

불을 이용하면서 새로운 금속도 발견했습니다. 불에 넣은 흙에서 금속이 녹아 흘러내린 것입니다. 그것은 바로 구리였습니다. 구리는 재질이 무르기 때문에 주석 등의 다른 금속을 더해야만 좀 더 단단해질 수 있었습니다. 그리고 그렇게 만들어진 것이 바로 '푸른색을 띄는 구리'라는 뜻의 청동이었지요. 석기 시대가 끝나고 청동기 시대가 열린 것입니다.

청동기 시대에 접어들며 도구 제작 기술은 빠르게 발전했습니다. 다듬어서 만드는 돌과 달리 녹여서 만드는 청동으로는 여러 가지 복잡한 모양의 도구를 만들 수 있었기 때문입니다. 길다란 모양의 칼과 창 그리고 넓적한 모양의 방패를 만들 수 있었고, 청동 표면을 계속 문질러 매끈한 거울도 만들었습니다. 그 밖에도 각종 동물의 뼈나 조개껍데기로 도구를 만들던 신석기 시대보다 훨씬 다양한 종류의 제사용 도구와 생활용품이 만들어졌습니다. 그 결과 자연스럽게 군사력이 강해지고 사회 문화적으로 크게 발전해 국가가 탄생했지요. 하지만 창의적으로 보이는 당시의 제작 기술은 체계적인 과학 지식에 근거한 것이 아니었습니다. 우연히 발견한 경험적 사실을 통해 시행착오를 거치면서 발전한 것이었지요.

그리고 바야흐로 청동보다 월등히 강한 철이 등장하면서 철기 시대가 시작되었습니다. 청동은 철로 만든 무기를 당해 낼 수 없었습니다. 하지만 이 강력한 철제 무기는 누구나 만들 수 없었습니다. 구리보다

철을 제련하는 것이 훨씬 어려웠기 때문이지요. 이유는 녹는 온도에 있습니다. 구리는 보통 1000도 정도에서 녹지만, 주철은 1200도 이상에서 녹습니다. 순수한 철의 녹는점은 이보다 더 높고요. 따라서 구리는 모닥불 정도의 온도에서 쉽게 녹일 수 있지만 철은 이보다 높은 온도를 필요로 한 것입니다.

그런데 입으로 숨을 불어 넣으며 모닥불을 피우는 사람들이 그 정도로 높은 온도의 열을 만들 수 있었을까요? 게다가 높은 온도의 열을 유지하기 위해서는 불 주위를 돌이나 흙으로 둘러싸 열 손실을 줄여야 합니다. 하지만 막상 불 주위를 틀어막으면 산소가 충분하지 않아 불이 도로 약해지지요.

여기서 간단하면서도 핵심적인 역할을 한 장치가 바로 풀무입니다. 풀무는 기원전 2500년경에 발명되었다고 합니다. 손잡이를 잡아당기

고조선의 건국

한반도 최초의 국가인 고조선은 청동기 시대에 진입하면서 강력한 군사력을 토대로 주변 세력을 통합해 나갔습니다. 이는 청동기 시대 고조선의 대표 무기인 비파형 동검이 출토된 지역을 통해 짐작할 수 있습니다. 고조선은 기원전 1세기경까지 존재했는데, 기원전 5세기 무렵에 만주와 한반도에 보급된 철기를 수용하면서 세력을 더욱 확장할 수 있었기 때문입니다.

면 안으로 공기가 들어가고 손잡이를 밀면 그 공기가 압축되어 나오는 구조지요. 풀무는 연소에 필요한 공기를 공급하되 열 손실을 효율적으로 막아 주었습니다. 사람이 1200도 이상의 열을 일정한 온도로 다룰 수 있게 된 것입니다.

우리나라 사람들은 서양의 것보다 우수한 양방향 풀무를 개발했습니다. 손잡이를 왕복시키면 당길 때와 밀 때 멈추지 않고 연속해서 공기를 불어넣을 수 있었지요. 이 덕분에 우리나라 제철 기술은 크게 발달했고 정교한 금속 가공 기술도 함께 발전했습니다. 쟁기나 낫 같은 농기구를 철로 만들면서 농업 생산성은 더욱 높아졌고, 사람들의 생활도 더욱 풍요로워졌지요.

찬란한 고대 문명의 위용을 떨치게 해준 공학 기술

사람들이 보다 풍요로운 삶을 살게 된 지역에서는 문명이 생겨났습니다. 세계 4대 문명이 모두 강이 흐르는 비옥한 토지 위에 세워진 것은 생산력과 문화가 긴밀한 연결 관계를 맺고 있다는 증거기도 합니다. 그리고 주변 지역보다 잘살게 된 그들은 기술로 기본적인 의식주가 해결되자 다른 분야에도 기술을 활용하기 시작했습니다. 민생 차원에서 강의 범람을 막고 농사에 필요한 물을 끌어오기 위해 수로를 건설하는

왼쪽은 단방향 풀무로 손잡이를 당길 때
공기가 들어오고 밀 때 바람이 나가는 구조입니다.
오른쪽은 양방향 풀무로 손잡이가 왕복 운동을 하면서
공기가 들어오는 동시에 반대편으로 나가기 때문에
연속적으로 바람을 불어넣지요.

가 하면, 몇몇 왕은 강력한 왕권을 과시하기 위해 거대한 왕궁과 신전을 만들었습니다. 어느 나라의 왕은 정복 전쟁을 위해 길을 닦고 군사 무기를 발전시키는 데 힘쓰기도 했고요. 대규모 건설 공사가 시작된 것입니다.

이집트에 세워진 피라미드를 보면 실로 놀랍기만 합니다. 피라미드는 기하학적으로 완벽하게 설계된 건축물입니다. 설계, 측량, 시공 기술이 어우러져 만들어 낸 공학 기술의 집합체로 평가받지요. 거대한 피라미드를 한 치의 오차도 없이 만들어 내기 위해서는 철저한 수학적 설계와 함께 방위, 길이, 높이 등이 매우 정확하게 측량되어야만 했을 것입니다. 지금도 상상하기 어려운 거대한 규모의 공사를 성공적으로 마치기 위해서는 건설 계획이 구체적으로 세워져야만 했기 때문입니다. 생각해 보세요. 크레인도 없는 시대에 사람의 힘으로 옮기기 힘든 거대한 크기의 돌을 어떻게 옮겨서 꼭대기까지 쌓아 올렸을까요? 고대 이집트 제국의 공학 기술이 얼마나 뛰어났는지 짐작할 수 있는 부분입니다.

고대의 공학 기술은 사실 평화적인 목적보다는 전쟁에 필요한 것을 만드는 데 더욱 자주 이용되었습니다. 어느 곳보다 튼튼한 성을 쌓아 진지를 구축해 적의 공격을 막아 내고, 전쟁에서 이기기 위해 다양하고도 효율적인 무기를 고안하는 데 쓰였지요. 그 결과 적진의 성문을 부수기 위한 뾰족한 수레가 개발되고, 돌멩이를 멀리 날려 보내기 위한

이집트의 피라미드는 오늘날의 기술로도
완벽히 구현해 내기 쉽지 않습니다.
특히 이집트 북부의 기자 지역에 있는 쿠푸 왕의 거대 피라미드는
어떻게 지었는지 여전히 밝혀지지 않았지요.

투석기가 만들어졌습니다.

투석기는 회전력을 이용한 원거리 폭격 장치로, 기원전 시칠리아에서 처음 발명되었습니다. 주로 전장을 엄호하거나 포위 공격을 할 때 사용되었지요. 중국과 그리스 그리고 로마 등에서 다양한 형태로 개발된 투석기는 중세 때까지 먼 거리에서 적을 공격할 수 있는 가장 효율적인 장치였습니다. 당시 사람들은 원심력에 관한 과학 공식은 알지 못했지만 경험적으로 투석기 막대가 길면 돌멩이를 더 멀리 날릴 수 있다는 사실을 잘 알고 있었던 것입니다.

그리스 이후 새롭게 부상한 고대 로마 제국에서도 공학 기술은 주목받았습니다. 특히 건축 및 토목 기술 분야에서 공학 기술은 눈부신 성과를 이루었지요.

여러분도 이런 말을 들어 보았을 겁니다.

모든 길은 로마로 통한다.

이 말이 과장이 아닌 것이, 당시 고대 로마 제국의 수도에서 뻗어 나가는 도로는 길이가 총 20만 킬로미터였다고 합니다.

게다가 로마 제국은 뛰어난 건축 공학 기술을 바탕으로 멀리 떨어져 있는 저수지나 호수에서 물을 끌어오는 수로도 건설했습니다. 수로는 위가 열린 도랑과 같은 것으로, 펌프 없이 자연적으로 물을 흐르게 하

2,000년 전 로마 제국 때 만들어진 클라우디아 수도교.
일정한 기울기를 줘서 자연적으로 물이 흐르게 했고,
이 수도교 덕분에 로마 시민들은 깨끗한 물을 마시고
공중 목욕 문화를 발달시킬 수 있었습니다.

기 위해 일정한 기울기를 주었지요. 중간에 계곡을 만나면 그 사이를 연결하는 인공 수도교를 놓았고요. 덕분에 당시 로마에는 물이 풍족해 곳곳에 분수가 설치됐고 공중목욕탕도 크게 발달했습니다. 이는 로마 제국 문화가 번성하는 바탕이 되었지요. 지금도 로마 근교에는 아름다운 수도교 유적이 여러 개 남아 당시의 발전된 공학 기술을 엿볼 수 있습니다.

02

중국의 발명품이 근대를 태동시켰어요

로마 제국이 멸망한 이후 중세 봉건 시대가 이어지는 동안 유럽의 기술 발전은 다소 침체되었습니다. 성당 등의 종교 건축물과 관련된 건축 기술 일부만이 발달했지요. 반면 동양에서는 실용적인 수공업을 기반으로 하는 공학 기술이 크게 발달했습니다. 특히 중국과 이슬람을 중심으로 농업, 금속 가공, 인쇄, 화약 등 여러 분야에서 괄목할 만한 기술 발전과 발명이 이루어졌습니다. 그래서 8세기에서 12세기까지를 아시아, 특히 중국의 기술 전성시대라고 하지요.

그중에서도 인쇄술과 나침반 그리고 화약은 중국의 3대 발명품으로 꼽힙니다. 인쇄술과 종이를 별도로 생각해 종이, 인쇄술, 나침반, 화약을 4대 발명품이라고 하는 사람들도 있지요. 이 발명품들은 모두 서양으로 전파되어 훗날 근대 과학 혁명을 이끌고 산업 기술을 태동시키는 데 중대한 역할을 했습니다.

지식 혁명의 방아쇠를 당긴 종이와 인쇄술

종이는 105년에 처음 발명되었습니다. 중국 후한의 환관이던 채륜이 물에 불린 식물 섬유를 평평하게 펼쳐 가능한 한 얇게 만들려고 노력하다가 종이 만드는 법을 개발했지요. 그는 나무의 섬유와 밀의 줄기를 뽕나무 껍질과 섞어 가루로 빻은 다음, 직물 위에 붓고 섬유질 층을 얇게 올려놓은 뒤 물을 빼서 말리는 방법으로 종이를 만들었습니다. 물론 이것이 역사적인 발명이 될 것이라는 사실은 전혀 알지 못했지요.

이렇게 만든 얇은 종이는 무거운 나무나 대나무 또는 비싼 비단에 비해 간편하고 사용하기 좋았습니다. 그래서 중국의 역대 왕들은 종이 제작 방법을 비밀로 유지하기 위해 부단히 노력했습니다. 실제로 제지술은 500년 가까이 지나고 7세기 이후가 되어서야 지리적으로 가까운 한국과 일본에 전해졌지요. 이후 751년에 당나라와 이슬람 제국 사이에서 일어난 탈라스 전투에서 포로로 잡힌 중국 종이 상인들에 의해 아랍에도 제지술이 전해졌습니다. 그리고 12세기에야 비로소 스페인까지 전파되었지요.

그런데 종이가 유럽에 전파되자마자 큰 인기를 끈 것은 아닙니다. 당시 양가죽으로 만든 양피지를 사용하던 유럽인은 끝이 뾰족한 펜으로 글씨를 썼습니다. 그런데 표면이 거친 종이는 중국에서처럼 뭉툭한 붓으로 쓰면 문제가 없지만 끝이 뾰족한 펜으로 쓰면 글씨가 잘 써지지 않았습니다. 이후 금속 활자가 개발되고 인쇄술이 보급되면서 양피지로는 도저히 수요를 맞출 수 없게 되자 종이를 찾는 사람들이 많아졌지요.

인쇄술도 중국에서 처음 개발해 우리나라를 비롯한 전 세계로 전파되었습니다. 그러나 초기 인쇄술인 목판 인쇄는 하나의 목판에 한 면을 몽땅 새겨야 하기 때문에 인쇄하는 데 시간이 많이 걸렸습니다. 보관도 어려웠고요. 참고로 현재 남아 있는 목판 인쇄본 중 세계에서 가장 오래된 것은 우리나라의 『무구정광대다라니경』이랍니다.

목판 인쇄의 불편함을 개선하기 위해 송나라 인종 때의 평민 필승이 활판 인쇄술을 발명했습니다. 활판 인쇄란 낱개의 글자를 한 개씩 따로

종이의 유래에 관한 또 다른 이야기

채륜이 종이를 발명하지 않았다는 설도 있습니다. 기원전 2세기경 유물로 대량의 종이가 발견되었기 때문입니다. 즉 채륜이 살던 시기보다 200년도 더 전부터 종이가 제조된 것이지요. 그래서 역사학자들은 채륜을 종이를 발명한 사람이 아니라 개량과 확산에 크게 기여한 인물로 재평가하고 있습니다.

만들어 조합하는 방식을 말합니다. 낱개의 활판은 재사용이 가능하고 보관도 쉬웠습니다.

활판 인쇄술은 한국과 일본 그리고 동남아뿐 아니라 실크로드를 거쳐 이란과 이집트 그리고 유럽에도 전파되었습니다. 책을 손으로 필사하던 때에는 2개월 만에 책 한 권의 복사본이 나올 수 있었습니다. 하지만 활판 인쇄술이 등장하면서 일주일 만에 책 500권을 인쇄할 수 있었지요. 이로 인해 서양에서는 이전에 없던 서적 시장이 생겨날 정도로 그 어느 때보다 독서 문화와 창작 활동이 활발해졌습니다. 자연스레 일부 계층이 독점하던 교육과 지식이 일반인에게 널리 보급되면서 지식 혁명이 일어났지요.

특히 활판 인쇄술을 이야기할 때 빠뜨릴 수 없는 사건이 바로 종교개혁입니다. 1517년에 독일의 마르틴 루터는 가톨릭교회의 면죄부 판매를 비판하며 〈95개조 반박문〉를 제시했습니다. 그리고 이 글이 대량으로 인쇄되어 사람들에게 뿌려지면서 가톨릭교회의 부정부패가 세상에 널리 알려졌지요. 활판 인쇄술이 없었더라면 루터의 주장은 독일 전역으로 확산되기 어려웠을 것입니다.

오랜 시간 인류 문명에 크게 기여한 종이와 인쇄술이 디지털 시대를 맞이하면서 커다란 변화를 맞고 있습니다. 디지털 매체가 신문과 책을 대체하고 있기 때문입니다. 이 또한 공학이 이뤄 낸 성과이기는 합니다. 하지만 지식을 보급하고 정보를 교류하는 매체로서의 위상은 바뀔

활판 인쇄술은 제지술과 함께 유럽 전역에
새로운 지식과 사상을 퍼뜨렸습니다.
르네상스와 종교 개혁은 활판 인쇄술과 제지술
없이는 불가능했던 사건이지요.

지언정 종이나 활자의 아날로그적인 매력은 오랜 시간 유지될 것으로 보입니다.

대항해 시대를 연 지표, 나침반

나침반은 위치 확인 시스템(GPS)이 없던 시절, 먼 거리로 여행을 떠나거나 항해할 때 방향을 일러 주는 중요한 도구였습니다. 그전까지만 해도 사람들은 낮에는 해를 보고 밤에는 별을 보며 방향을 알아냈습니다. 하지만 하늘의 지표가 보이지 않는 흐린 날에는 방향을 알 수 없었지요.

나침반은 이러한 문제를 해결해 주었습니다. 지구의 자기장 때문에 시간이나 날씨와 상관없이 N극은 북쪽을, S극은 남쪽을 가리켰기 때문입니다. 중국 사람들은 오래전부터 자석이 방향을 가리킨다는 사실을 알고 있었습니다. 길을 잃지 않기 위해 국자 모양으로 생긴 지남철을 이용했다는 기원전 4세기경의 기록도 남아 있지요. 지남철(指南鐵)이란 '남쪽을 가리키는 철'이라는 뜻입니다.

11세기 송나라 때는 이미 나침반을 만드는 방법과 정확한 방향 측정법 등이 알려져 있었다고 합니다. 물고기 모양의 지남어(魚), 거북이 모양의 지남구(龜), 수레 모양의 지남거(車), 바늘 형태의 지남침(針) 등 여러 형태의 나침반이 사용되었다는 기록도 있지요. 모두 중국의 나침반

한나라 시대의 나침반이에요.
국자 모양으로 생긴 기구가 남쪽을 가리키며
이정표 역할을 해준답니다.

기술이 당대 어느 나라보다 뛰어났다는 증거입니다.

방위를 표시한 나침반은 12세기에 그 모습을 드러냈습니다. 그리고 13세기경에 중국에서 아랍으로 전파되었고, 이후 유럽으로 전파되어 14세기경에 오늘날과 유사한 형태의 나침반이 등장했지요. 유럽은 개량한 나침반을 원거리 항해에 활용하기 시작했습니다. 당시 유럽은 범선 제작 기술이 매우 뛰어났는데, 나침반이 범선을 나아가게 하는 지표 역할을 했지요.

세계 최고의 범선 제작 기술과 나침반을 발판 삼아 유럽 열강들은 멀리까지 미개척지를 찾아 떠났습니다. 그리고 중국은 자신들의 발명품으로 유럽 열강에 패하는 아이러니한 상황을 맞고 말았지요.

화약이 서양의 봉건제 성벽을 무너뜨렸어요

중국에는 고대부터 화약 제조법이 전해 내려왔습니다. 기록에 따르면 고대 중국 사람들은 늙지 않고 죽지 않게 해주는 불로불사의 약을 얻기 위해 여러 가지 광물과 약초를 섞어 끓이다가 우연히 폭발성이 있는 물질을 발견했다고 합니다. 그리고 불이 붙는 약이라 하여 화약(火藥)이라는 이름을 붙였지요.

화약은 숯가루와 유황 그리고 초석을 일정한 비율로 섞어서 만듭니다. 숯가루는 연소가 일어나도록 탄소를 공급하고, 유황은 낮은 온도에서 발화하며 폭발을 증폭시키지요. 또 초석은 질산 칼륨으로, 가연성 물질과 섞이면 폭발하는 중요한 역할을 합니다.

화약은 당나라 때부터 전쟁에 이용되기 시작했습니다. 10세기에 세워진 송나라 때부터는 본격적으로 사용됐지요. 당시 화약 제조 기술은 1급 군사 기밀이었기 때문에 국가에서 엄격히 관리했습니다. 하지만 이슬람 상인을 통해 조금씩 기술이 유출되다가 몽골 제국이 영토를 넓히는 과정에서 유럽에까지 알려졌지요.

유럽에 전파된 화약은 이후 많은 전쟁을 거치면서 발전을 거듭했습니다. 특히 봉건제의 상징인 각 영주들의 성을 파괴하고 기사들을 제압하는 데 크게 기여했지요. 국가 간에 전쟁이 벌어질 때면 어느 국가가 더 발전된 화약을 쓰는지에 따라 승패가 결정되기도 했습니다. 결국에는 영국이 중국을 능가하는 화약 제조 기술을 개량해 중국 청나라를 제압하는 사건이 발생했지요(아편전쟁).

중세 유럽의 봉건 제도

수많은 영주가 제각기 자신의 영지를 다스리는 제도입니다. 상업적 이익으로 부유해진 부르주아들이 봉건 제도를 허물기 시작하면서, 도시가 성장하고 강력한 왕권이 등장해 유럽의 봉건제를 허물고 중앙 집권 체제의 국가들이 탄생했지요.

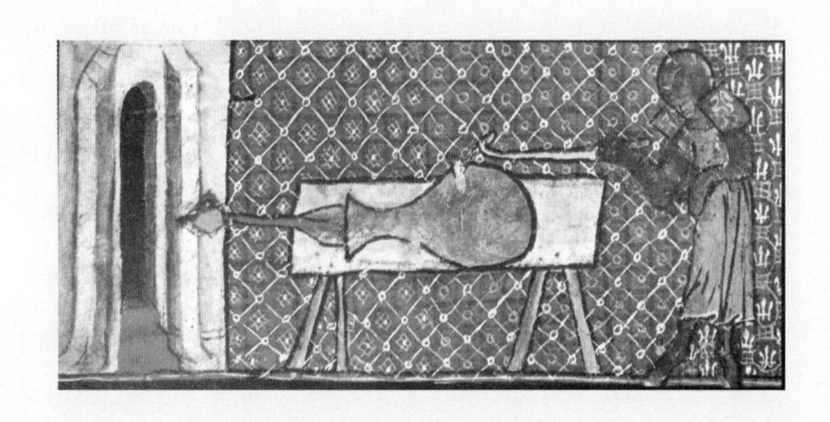

중국에서 개발한 화약은 몽골 제국을 통해
유럽까지 전파되었습니다.
하지만 되돌아와 청나라를 멸망시켰지요.

중세 때 중국에서 발명된 괄목할 만한 기술들은 모두 서양에 전파되어 인류의 소통에 큰 도움을 주었습니다. 종이와 인쇄술은 머릿속에 있는 지식을 기록으로 남겨 널리 그리고 후세까지 퍼뜨렸고, 나침반은 장거리 이동과 항해의 지표가 되어 대항해 시대를 열었습니다. 또 화약은 굳게 닫혀 있던 중세의 성문을 열고 서로 충돌하는 과정에서 문명이 융합되는 기회를 만들어 주었습니다. 모두 폐쇄적인 봉건 사회를 무너뜨리고 개방적인 근대 사회를 낳는 데 기여했습니다.

무엇보다 이전에는 우연한 발견으로 공학적 발전을 이루었지만 이때부터는 경험적으로 알고 있는 과학 지식을 체계적으로 활용했습니다. 그 결과 당시의 첨단 기술은 그 가치를 더욱 발휘했고, 국가적으로도 보호받았지요. 공학적으로 사고하는 시대가 도래한 것입니다.

03

어떤 발명품이 우리 역사를 빛냈을까요?

우리나라는 반만년 동안 독창적인 공학 기술을 발전시켜 왔습니다. 천체 관측을 위한 첨성대, 인공적으로 만든 석굴 안에 거대한 불상을 모신 석굴암, 뛰어난 금속 세공술과 주조 기술을 보여 주는 신라 금관과 성덕 대왕 신종, 금속 활자로 인쇄한『직지심체요절』등이 그 증거지

주조 기술

철, 청동, 합금 등을 가열해서 녹인 액체를 형틀에 부은 다음, 굳혀 모양을 만드는 기술을 말합니다. 일명 에밀레종이라고 불리는 성덕 대왕 신종은 통일 신라의 주조 기술이 얼마나 뛰어났는지 보여 주는 소중한 문화재입니다.

요. 이외에도 고려청자, 앙부일구, 자격루, 신기전, 화차, 거중기, 배다리 등 훌륭한 문화재가 셀 수 없을 정도로 많습니다. 과거 우리나라의 공학 기술은 세계 최고 수준이었지요.

세계 유일의 인조 석굴에 숨은 고도의 공학 기술

국보 제24호로 지정된 경주의 석굴암은 세계 유일의 인조 석굴입니다. 인조 석굴이란 암벽을 뚫고 파 들어간 굴이 아니라 돌을 바깥에서 쌓아서 인공적으로 만든 동굴입니다. 석굴암은 우리나라를 대표하는 불교 문화재의 걸작으로 건축학적, 기하학적, 종교적, 예술적인 가치와 함께 독특한 건축미를 인정받아 1995년에 유네스코 세계 문화유산으로 지정되었습니다.

석굴암은 삼국 시대에 신라의 김대성이라는 사람이 전생의 부모를 위해 만들었다고 전해집니다. 그의 나이 51세에 만들기 시작해 완공하기까지 20여 년이 걸렸다고 하네요. 그런데 석굴암의 아름다움 속에 숨은 고도의 건축 기술과 환경 제어 기술을 살펴보면 20여 년도 짧게 느껴집니다.

석굴암의 천장을 한번 살펴볼까요? 돔 형태의 주실 천장은 돌을 쌓아 올리다가 20톤이 넘는 원반형의 덮개돌로 마무리되어 있습니다. 그런

현재 석굴암의 구조입니다.
과거 찬란한 공학 기술을 자랑하던 석굴암은
일본에 의해 크게 훼손되었습니다.
광복 이후 철저한 조사와 연구를 바탕으로 꾸준히 복원했으나
옛 영광을 완전히 되찾을 수는 없었지요.

데 이 천장의 돌들을 쌓아 올릴 때 못이나 접착제는 일절 사용하지 않았다고 합니다. 오로지 돌 무게만으로 20톤이 넘는 덮개돌을 지지함으로써 완벽한 반구형 구조체를 만들었지요.

또한 석굴암처럼 돌로 된 굴 내부는 어둡고 습하기 마련입니다. 습도가 높아 퀴퀴하고 벽면에 이슬이 맺혀 곰팡이가 생기기 쉽지요. 그런데 석굴암 벽면 조각상 뒤쪽에 숨겨져 있는 숯은 습기를 제거하고, 불상의 위쪽에 있는 구멍은 자연적으로 환기합니다. 아침에 창으로 비치는 햇빛은 동쪽을 바라보는 불상을 밝혀 내부를 환하게 만들고 동굴 내부의 온도를 올리지요. 덥혀진 공기는 차가운 공기보다 가볍기 때문에 위로 올라가 입구를 통해 들어오는 바닷바람과 함께 자연스럽게 위쪽 환기구로 빠져나갑니다.

더욱 놀라운 것은 습기를 조절하기 위해 역설적으로 물을 이용했다는 사실입니다. 석굴암 바로 아래에서 흐르는 감로수라는 지하수에 그 비밀이 숨어 있습니다. 석굴암의 바닥은 돌 사이 틈새를 듬성듬성 열어 놓았습니다. 덕분에 실내의 습한 공기는 차가운 감로수에 닿아 이슬로 변하면서 감로수 안으로 흘러 들어가 제거되지요. 이슬이 맺히지 않도록 한 것이 아니라, 오히려 찬물에 집중적으로 맺히도록 하여 실내 습도를 제어한 것입니다. 이열치열(以熱治熱)이라고 하면 더위를 뜨거운 것으로 물리치는 것을 말하는데, 이 경우는 실내의 습기를 오히려 차가운 물로 다스리니 이습지습(以濕治濕)의 원리라고 할 수 있겠습니다.

세계에서 최초로 금속 활자를 만들었어요

활자의 시초는 중국 송나라 때 찰흙으로 만든 교니 활자인데, 잘 부스러져서 널리 사용되지는 않았습니다. 13세기 고려에서는 찰흙 대신 금속을 이용한 주자 인쇄를 발명했습니다. 그 결과 1377년에 세계에서 가장 오래된 금속 활자본인 『직지심체요절』이 탄생했지요. 독일의 구텐베르크가 만든 금속 활자보다 무려 78년이나 앞선 것이었습니다.

금속 활자는 나무나 흙처럼 깨지거나 썩지 않으면서도 많은 양의 책을 빨리 찍어 낼 수 있었습니다. 또 낱개의 글자를 다시 조합해 다른 면을 인쇄할 수도 있었지요. 이런 장점 덕분인지 금속 활자는 1232년에 고려가 몽골의 침략을 피해 강화도로 도읍을 옮기기 이전부터 개경에서 이미 활발하게 사용되었다는 기록이 있습니다. 조선 시대에 들어와서는 국가 차원에서 금속 활자를 주조하는 주자소를 설치해 수많은 활자를 만드는 등 세계 인쇄 역사를 통틀어 그 유례를 찾아볼 수 없을 만큼 금속 활자 기술이 발전했지요.

국내 문자 문화를 전파하는 데 크게 일조한 금속 활자에도 문제점은 있었습니다. 초기에는 인쇄할 때 움직이지 않도록 활자를 모두 밀랍으로 붙였는데, 막상 활자들이 판에서 잘 떨어지지 않아 다시 사용하는 데 불편했지요. 또한 금속 활자를 주조할 때 예상과 다른 모양으로 활자가 굳는 경우가 많았습니다. 이 밖에도 날카로운 금속에 종이가 잘

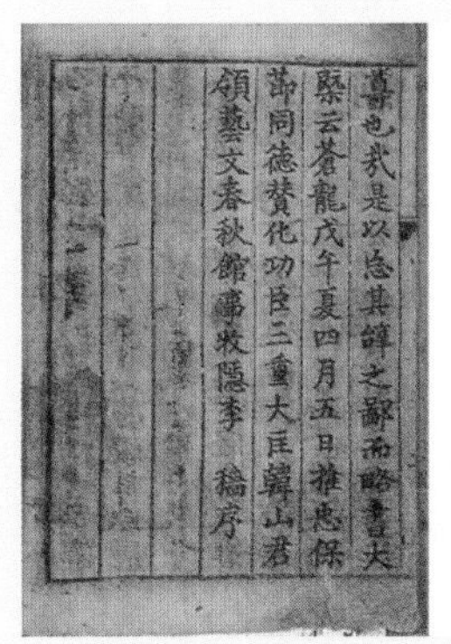

壽也哉是以忘其辭之鄙而略書大
槩云耆龍戊午夏四月五日推忠保
節同德賛化功臣三重大匡韓山君
領藝文春秋館事牧隱李 穡序

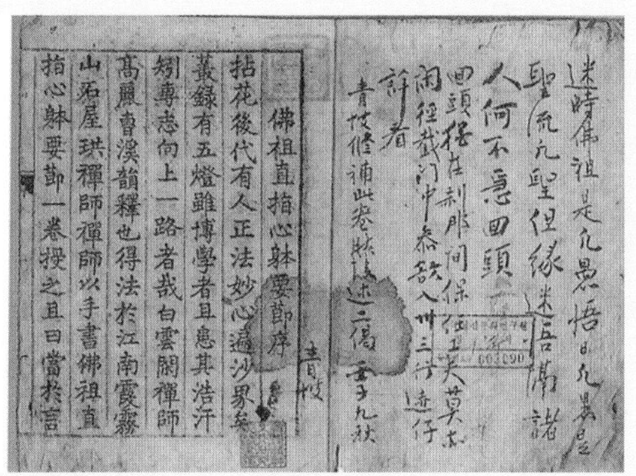

佛祖直指心躰要節序
拈花後代有人正法妙心遍沙界矣
叢錄有五燈雖博學者且患其浩汗
矧專志向上一路者哉白雲閑禪師
高麗曹溪嗣釋也得法於江南霞霧
山石屋珙禪師禪師以手書佛祖直
指心躰要節一卷授之且曰當抉言

세계에서 가장 오래된 금속 활자본인

『직지심체요절』이에요.

백운이란 호를 가진 승려 화상이

부처와 이름난 승려의 말이나 편지 등을 수록한 책이랍니다.

찢긴다거나 목판에 비해 표면이 매끈해 먹물이 잘 스며들지 않는다는 단점들이 있었지요.

물론 우리 조상들은 이 문제를 모두 슬기롭게 해결했습니다. 맞물린 활자들의 틈을 대나무로 메워 활자를 재사용하는 데 불편함을 줄이고, 주조 과정에서 굳을 때 부피 변화가 적은 합금 놋쇠로 활자를 만들었습니다. 또 모서리가 날카로운 금속에도 잘 찢어지지 않는 질긴 종이와 오동나무나 삼나무 기름을 태운 그을음과 아교를 섞어 종이에 잘 스며드는 유연묵도 개발했지요. 유연묵은 요즘으로 치면 유성 잉크와 같은 특수한 먹이었답니다.

모두 외국 기술이 아니라 우리 조상들의 독창적인 연구 결과였습니다. 게다가 주조 기술뿐 아니라 부수되는 먹과 종이 제작 기술도 함께 개발했지요. 그 덕분에 우리는 세계에서 가장 오래된 금속 활자본을 간직할 수 있었습니다.

현대 공학으로도 재현하지 못하는 고려청자의 아름다움

인류는 농경 생활을 시작하면서 농작물을 운반하거나 저장하기 위한 여러 가지 용기를 사용했습니다. 그중에서 진흙을 빚어 만든 토기는 표면이 거칠고 잘 깨지지만 불에 구우면 단단해지고 표면이 매끈해져 원시 시대부터 자주 애용했지요.

토기보다 발전된 것을 도기 또는 자기라고 합니다. 도기와 자기는 굽는 온도로 구별합니다. 1100도 이하의 비교적 낮은 온도에 구운 것을 도기라 하고, 1300도 이상의 고온에 구운 것을 자기라 하지요. 도기는 따뜻한 표면의 소박한 감촉을 갖는데, 자기는 흡수성이 전혀 없고 투광성이 있으며 두드리면 금속성 소리가 납니다. 일반적으로는 도기보다 자기를 더 높게 평가하는데, 우리가 알고 있는 청자, 백자, 본차이나 등이 자기에 해당합니다.

고려청자는 송나라의 청자 기술을 들여와 발전시킨 것으로, 다른 나라에서 찾아볼 수 없는 독자적인 상감 기법으로 유명합니다. 상감 기법이란 표면에 새김칼로 문양을 파낸 다음, 그 속에 금이나 은 또는 다른 재질을 채워 넣는 기법을 말합니다. 조개껍데기를 채워 넣는 나전 칠기의 나전과 비슷한 기법이지요. 파낸 문양에 백토나 적토를 채우고 초벌구이를 하면 백토는 순백색, 적토는 흑색으로 색이 변하면서 무늬가 나타납니다. 붓으로 그림을 그려 넣은 것과는 전혀 다른 고급스러운 느낌이 난답니다. 하지만 서로 다른 재질이 고온에 노출되면 열팽창이 달라 무늬 주변에 균열이 발생할 수도 있습니다. 따라서 균열이 생기지 않도록 재료를 선정하고 가마 온도를 조절하는 기술이 중요합니다.

고려청자의 푸른색은 중국의 청자보다 은은하면서도 깊은 맛이 납니다. 물총새 날개의 푸른빛이라고 해서 고려 비색으로도 알려져 있지요.

〈청자 상감 구름 학 무늬 매병〉이에요.
단정한 선, 비색, 학을 아름답게 새긴 상감 기법이 돋보이는
고려청자지요.

자기의 색깔은 유약의 종류, 굽는 온도, 가마 속 연료 성분 및 연소 상태에 따라 미묘하게 달라지는데, 고려청자는 고운 철가루를 넣은 유약을 바르고 겉불꽃보다 온도가 낮은 속불꽃에 구운 것으로 추정됩니다. 겉불꽃에 구우면 유약에 들어 있는 철 성분이 산화되어 붉은색을 띨 테니, 산소가 부족한 저온의 속불꽃에 구워 은은한 비취색을 띠게 만든 것이지요.

고려청자는 무신 정권 이후 쇠퇴해 더 이상 온전하게 재현되지 못하고 있습니다. 고려청자의 비밀은 앞으로 첨단 신소재 공학 분야에서 풀어야 할 과제입니다.

우리나라의 해시계는 왜 오목할까요?

해가 동쪽에서 떠서 서쪽으로 진다는 사실은 모두가 알고 있습니다. 고대에는 이러한 경험적 사실을 통해 평평한 바닥에 막대기를 세우고 그림자 방향에 따라 시간을 읽곤 했습니다. 그런데 계절이 달라지면 태양의 궤적도 조금씩 바뀝니다. 당연히 막대기 그림자의 길이가 여름에는 짧아지고 겨울에는 길어지지요. 또 그림자 방향도 계절에 따라 약간씩 달라지고요.

앙부일구는 계절의 변화에 따른 그림자 차이를 감안해 더욱 정밀하게 시간을 측정할 수 있도록 고안한 해시계입니다. 세계에서 유일하게 가운데가 푹 파인 가마솥 모양이며 앙부일구라고 하지요. 하늘을 바라보는 것을 의미하는 '앙(仰)'에, 가마솥을 의미하는 '부(釜)' 그리고 해시계를 의미하는 '일구(日晷)'를 붙여 만든 이름입니다. 가운데를 오목하게 만들면 태양의 고도가 낮더라도 그림자가 길게 늘어지지 않기 때문에 계절이나 시간에 관계없이 항상 가마솥 안쪽으로 일정한 길이의 그림자가 생깁니다. 게다가 대부분의 해시계에는 좌우(동서) 방향으로만 눈금이 매겨져 있는데 앙부일구는 상하(남북)로도 눈금이 매겨져 있습니다. 좌우 눈금은 시간을 알려 주는 시계 역할을, 상하 눈금은 날짜를 알려 주는 달력 역할을 하는데, 앙부일구는 시계와 달력의 역할을 동시에 한 발명품이었지요.

우리 선조들은 시간을 나타낼 때 '자(子), 축(丑), 인(寅), 묘(卯), 진(辰), 사(巳), 오(午), 미(未), 신(申), 유(酉), 술(戌), 해(亥)'라고 하는 12지를 사용했습니다. 우리말로는 '쥐소호토용뱀말양원닭개돼'라고 외우기도 하지요. 예를 들어 '묘'시는 오전 여섯 시를 중심으로 앞뒤 두 시간, 즉 오전 다섯 시부터 일곱 시까지를 가리킵니다. '진'시는 일곱 시부터 아홉 시까지를, '사'시는 아홉 시부터 열한 시까지를, '오'시는 열한 시부터 오후 한 시까지를 말합니다. 우리가 흔히 사용하는 말인 정오는 오시 중의 중심인 열두 시를 의미하고요. 앙부일구는 좌우 방향으로 해가 뜨는 묘시부터 해가 지는 유시까지 매 두 시간 간격으로 큰 눈금을 매기고 이

휴대용 앙부일구입니다.
현재 세종 때 만든 해시계는 남아 있지 않아
이와 같은 앙부일구로
최초의 모습을 추정할 뿐입니다.

를 반으로 나눈 다음, 다시 작은 눈금으로 4등분해 15분 간격으로 시간을 읽을 수 있게 했습니다. 또 상하 방향으로는 동지부터 하지까지 보름 간격으로 열두 등분해 줄을 그었습니다.

앙부일구는 1434년에 세종대왕이 시간 약속과 농사일에 어려움을 겪는 백성들을 위해 만들었습니다. 글자를 모르는 백성들도 쉽게 읽을 수 있도록 글자 대신 동물 그림으로 시각을 표현했지요. 이 세계 유일의 반구형 해시계는 한양 곳곳에 설치되었는데, 요즘 말로 비유하면 공중 시계탑 역할을 했던 것으로 보입니다.

자격루 덕분에 사람이 시간을 측정할 필요가 없어졌어요

언제부터 물시계를 사용했는지 정확히 알려진 바는 없습니다. 다만 『삼국사기』에 신라에서 누각이라는 이름의 물시계를 만들어 사용했다는 기록이 있을 뿐이지요. 물시계는 위에 있는 물통에서 물이 일정하게 흘러내릴 때, 시간에 비례하는 물의 양을 확인해 시간을 측정하는 원리입니다.

이 시계는 누군가가 옆에서 일정 시간동안 일일이 물의 양을 확인해야 하기 때문에 불편했습니다. 관리자가 졸거나 딴짓을 하면 큰일이 났지요. 물이 얼마나 흘렀는지 알 수 없으니까요. 또 물이 차면 물통을 비우거나 항아리에 물을 부어 넣어야 했기 때문에 관리가 여간 번거로운 것이 아니었습니다.

세종대왕은 장영실에게 이러한 불편함이 없는 새로운 물시계를 제작하라고 명했습니다. 그리고 장영실은 자동으로 시간을 알려 주는 장치인 자격루(自擊漏)를 발명했지요. 자격루는 '스스로 울린다'는 의미로, 징과 종 그리고 북을 이용해 시간을 알려 주는, 요즘 말로 하면 자동 알람 시계였습니다.

제일 위에 있는 큰 물 항아리(대파수호)에 넉넉히 물을 부으면, 물은 작은 물 항아리(소파수호)를 거쳐 맨 아래에 있는 긴 기둥 형태의 물받이 통(수수통)에 흘러듭니다. 그러면 물받이 통에 물이 고이면서 물 위에 떠 있는 막대가 점점 위로 올라가지요. 그리고 막대가 미리 정해진 눈금에 닿으면 그곳에 설치해 놓은 지렛대 장치를 건드려 끝에 있는 쇠구슬을 구멍 밖으로 밀어내 굴러 떨어지게 합니다. 이 쇠구슬은 스위치가 되어 징이나 종 또는 북을 울리는 기구를 건드리지요.

사람들은 규칙적으로 시간을 알려 주는 자격루 소리 덕분에 깜깜한 밤에도 시간을 측정할 수 있게 되었습니다. 물시계는 해시계와 더불어 국가 표준 시계 역할을 함으로써 조선 시대에 가장 중요한 생산 활동인 농사에 큰 도움을 주었지요.

안타까운 것은 이렇게 훌륭한 우리의 문화재가 현재 제대로 남아 있지 않다는 사실입니다. 현재 남아 있는 것은 중종 때 복원한 것으로, 덕

자격루는 뻐꾸기시계의 원리와 비슷합니다.
이 자격루 덕분에 조선 시대 사람들은
흐린 날에도 정확한 시간을 알 수 있었습니다.

수궁에 가면 볼 수 있지요. 그 또한 아쉽게도 물시계에 사용된 자동 알람 장치는 남아 있지 않고 물통과 잣대만 남아 있고요.

조선의 국경을 확장한 신기전과 화차

화약은 고려 말 때 우리나라에 전래되었습니다. 왜구의 침략과 약탈을 보고 자란 최무선은 중국 원나라 상인들을 따라다니며 어렵게 화약 제조법을 배웠습니다. 당시 화약 제조법은 중국의 군사 기밀이라 접근하기 쉽지 않았거든요. 최무선은 화약 무기를 생산하는 화통도감을 설립하고 대장군, 화통, 주화 등 다양한 무기를 만들었습니다. 그리고 세월이 흘러 조선 세종 때, 최무선이 만든 화포 중 하나이자 우리나라 최초의 화약 추진 로켓인 주화를 개량한 신기전이 탄생했습니다.

최무선

우리나라 최초로 화약 무기를 발명한 사람입니다. 당시에는 화약을 군사 무기로 활용하려는 사람이 없었습니다. 그런데 최무선이 왕에게 건의해 처음으로 화약 무기를 제작했지요. 이때 개발한 화포들을 활용해 최무선은 고려에 침략한 왜구들의 배를 모두 불태우는 데 성공했습니다.

신기전은 몸체에 해당하는 화살과 추진체인 약통 그리고 폭발물인 발화통으로 이루어져 있습니다. 크기에 따라서 소, 중, 대신기전이 있는데, 대신기전은 길이가 5.3미터에 이르고 3킬로그램의 화약을 넣을 수 있는 약통이 달려 있습니다. 그리고 약통의 앞부분에는 목표물에 도달하기 전후 점화선에 의해 자동으로 폭발하도록 설계된 발화통이 달려 있고요. 화약은 유황과 분탄, 염초 세 가지 원료를 일정한 비율로 배합해 만들었고, 여기에 폭발할 때 파편 역할을 하는 쇳가루를 집어넣었습니다. 이러한 화약을 매단 신기전은 사정거리가 짧게는 600미터에서 길게는 700미터에 이르러 당시 세계 최첨단 로켓 무기였다고 해도 과언이 아닙니다.

신기전기는 신기전을 발사하기 위해 만들어진 화차입니다. 여러 발을 한꺼번에 쏠 수 있을 뿐 아니라 바퀴가 달려 있어 자유자재로 이동이 가능한, 일종의 이동식 다연발 로켓 발사 장치지요. 신기전기는 현재까지 설계 도면이 남아 있는 세계에서 가장 오래된 화차라고 합니다.

칼, 화살, 창, 총포들이 무기의 전부던 당시에 신기전은 적들에게 큰 공포의 대상이었습니다. 신기전을 발사할 수 있는 화차만 있다면, 중신기전 100발을 한꺼번에 발사할 수도 있었지요. 초기에는 세종의 국경 확장 정책과 맞물려 주로 평안도와 함경도에서 사용됐습니다. 이후 임진왜란이 발발할 때까지만 해도 여진족을 토벌할 때면 항상 전선 앞으로 나가 적을 공포에 떨게 했지요.

신기전기는 이동식 다연발 로켓 발사대식 화차입니다.
함경도 국경을 강화하는 데 큰 도움을 줬지요.

하지만 화약 소모량이 많고 화약 대비 살상력이 그리 크지 않은 데다 더 이상 기술 개발이 이루어지지 않으면서 신기전은 서서히 새로운 무기인 총통에게 자리를 내주었습니다. 그렇게 고려 말 최무선이 시작해 조선 태종과 세종을 거치며 100년에 걸쳐 이룬 노력의 결과물은 역사 속으로 자취를 감췄지요.

수원 화성을 건축한 일등 공신, 거중기

거중기는 도르래를 써서 무거운 물건을 들어 올리는 기계입니다. 두 개의 도르래 줄에 걸리는 힘과 물체의 중력으로 이루어진 힘의 평형을 이용하지요. 이 기계는 스위스 출신의 선교사가 16세기까지의 서양 기술을 중국에 소개한 책『기기도설』을 참고해 조선 후기의 실학자이자 최고의 엔지니어인 정약용이 개발했습니다.

당시 우리나라에서 성곽에 벽돌을 사용한 것은 수원 화성이 처음이었습니다. 그러다 보니 '무거운 돌을 얼마나 빨리, 적은 비용으로 들어 올리느냐'가 이 공사에서 가장 중요한 과제였습니다. 그리고 정약용이 생각해 낸 거중기가 바로 그 해결책이었지요.

당시 정약용은 나무로 틀을 만들고 위쪽 막대에 고정 도르래 네 개, 아래 막대에 움직도르래 네 개를 연결했습니다. 고정 도르래는 줄을 걸어 힘의 방향을 바꾸는 역할을 합니다. 즉 힘의 크기는 같지만 방향을 바꿔 작업을 편하게 해주지요. 그리고 움직도르래는 양쪽에 매달린 줄에 절반씩 힘이 걸립니다. 즉 무게가 W인 물체를 움직도르래 네 개에 매달면, 각 도르래에 W/4씩 힘이 걸립니다. 각 움직도르래를 매달고 있는 두 줄에는 각각 W/8씩 힘이 걸리고요. 따라서 좌우 양 끝에 있는 고정 도르래의 줄을 W/8의 힘으로만 당겨 주면 W를 들 수 있습니다. 만약 돌의 무게가 240킬로그램이라면 1/8인 30킬로그램의 힘만으로 돌을 들어 올릴 수 있지요.

돌을 1미터 들어 올리려면 줄을 8미터 당겨야 합니다. 똑같은 일을 하기 위해서 힘이 8분의 1로 줄면 이동거리는 8배 늘어나야 하는 원리지요. 또 거중기에는 당긴 줄을 놓아도 다시 풀리지 않도록 양쪽에 줄을 감을 수 있는 원통형 줄감개까지 세심하게 만들어져 있습니다. 이

수원 화성

정조가 자신의 아버지인 사도 세자의 묘를 이장하면서 세운 수원의 성입니다. 세계 최초로 계획된 신도시라는 점과 독창성, 보존 및 상태의 양호함 등을 인정받아 유네스코 세계 문화유산으로 등록되었지요. 『화성성역의궤』에 수원 화성의 축성과 관련된 내용이 상세히 기록되어 있는데, 이 덕분에 한국 전쟁을 겪으면서 파손된 성곽을 복원할 수 있었습니다.

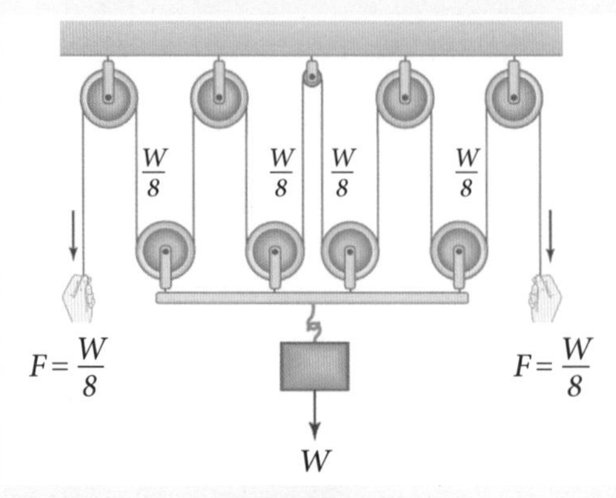

정약용이 설계한 거중기의 원리(上)와
복원한 거중기의 모습(下)입니다.
이 거중기 덕분에 거대한 수원 화성은 2년 6개월 만에
완성될 수 있었지요.

거중기 덕분에 공사는 효율적으로 이루어졌고, 그 결과 수원 화성의 공사 기간은 예상보다 무려 7년이나 단축되었습니다. 경비도 4만 냥이나 절약할 수 있었지요.

정약용은 거중기뿐만 아니라 녹로(고정 도르래를 이용한 크레인), 고륜(바퀴 달린 달구지) 등도 발명했습니다. 또 정조의 수원 행차를 위해 배다리도 설계했지요. 배다리는 배를 여러 척 연결하고 그 위에 널빤지를 놓아 임금이 말이나 가마를 탄 채 지나갈 수 있도록 만든 임시 다리입니다. 이것만 봐도 정약용을 가히 조선 최고의 엔지니어이자 조선의 레오나르도 다빈치라고 할 수 있지 않을까요?

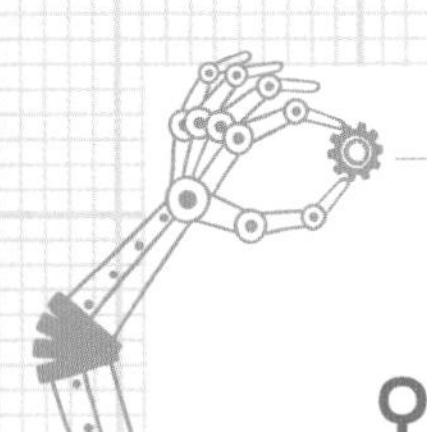

오늘날에는 어떤 발명품이 주목받고 있을까요?

《타임》지가 뽑은 2023년 최고의 발명품

《타임》지는 매년 최고의 발명품을 발표합니다. 2023년에는 어떤 발명품이 뽑혔는지 몇 가지만 살펴볼까요? 앞에서 역사적인 이야기만 나와 조금 지루했다면, 여기서는 여러분도 알 법한 발명품이 소개되니 친근감이 들 거예요.

1. 스마트 지팡이, 캔고(CAN Go)

캔고는 노인들이 넘어지거나 치매로 길을 잃는 일을 방지하기 위한 AI 기반의 스마트 지팡입니다. 캔고는 모션 감지, GPS 위치 추적, 손전등 및 비상 호출 기능을 갖추고 있어요. 지팡이의 갑작스런 모션을 센싱해 넘어짐을 감지하고, GPS로 활동 반경과 일상 경로를 학습하여 길 잃음을 감지하지요. 긴급 상황이 감지되면 비상등을 켜서 주위에 알리고, 저장된 비상 연락망으로 전화를 겁니다. 새로운 기술에 적응하지 못하는 실버 세대를 위해 자동으로 활동 패턴을 학습하고, 해당 데이터를 가족 구성원이나 의료 전문가와 공유합니다.

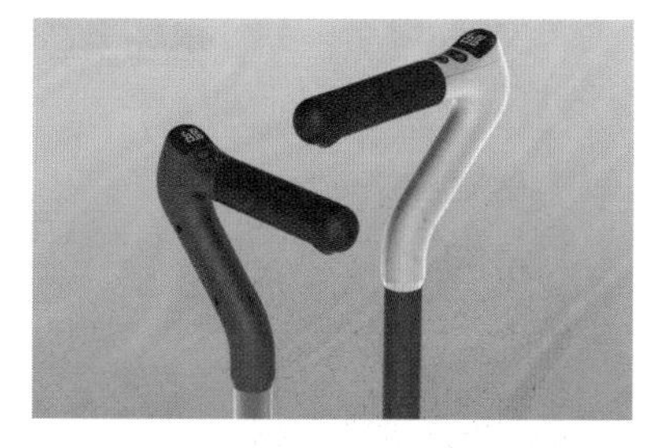

• 캔고 •

2. 인공 지능 게임체인저, 지피티-4(GPT-4)

최근 큰 관심을 끄는 발명품으로 단연 오픈AI의 GPT가 꼽힙니다. 2023년에 출시된 GPT-4는 현재 우리가 접할 수 있는 가장 강력한 인공 지능 모델입니다. 이 모델은 언어적 추론이 가능하며, 복잡한 개념을 간단한 언어로 설명할 수 있습니다. 게다가 어떤 농담이 재미있는지도 설명할 수 있지요. 이제 오픈AI는 시각 장애인을 위해 사진의 내용을 언어적으로 묘사하거나 이미지를 입력할 수 있는 기능을 도입하기 시작했어요. 앞으로 인공 지능은 사무, 개발, 창작 등 폭넓은 업무 분야와 일상생활에서 세상을 변화시켜 나갈 것으로 기대됩니다.

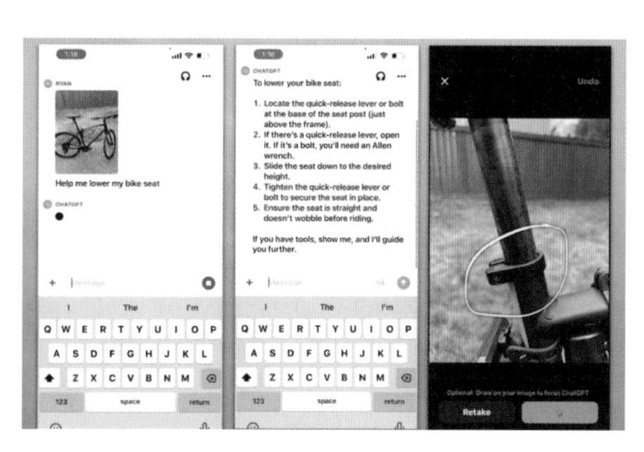

• 지피티-4 •

3. 화면 없는 개인 비서, 휴메인 AI핀(Humane AI Pin)

• 휴메인 AI핀 •

휴메인에서 개발한 AI핀은 화면이 없는 개인 비서입니다. 항상 옷에 부착하고 다니면서 일상생활에 도움을 받을 수 있는 웨어러블 기기입니다. 애플 출신 두 사람이 스크린 없는 세상을 꿈꾸며, 오픈AI의 GPT에 자신들의 독창적인 아이디어를 혼합해 만들었어요. 복잡한 질문을 하거나 전화를 걸거나 문자를 보내는 등의 모든 작업을 목소리만으로 수행할 수 있지요. 내장된 카메라는 사물을 식별하고 상황을 인식할 수 있으며, 시각적인 정보가 필요한 경우 작은 프로젝터가 정보를 손바닥에 직접 비추어준다고 합니다.

4. 애플이 만든 헤드셋, 비전프로(Vision Pro)

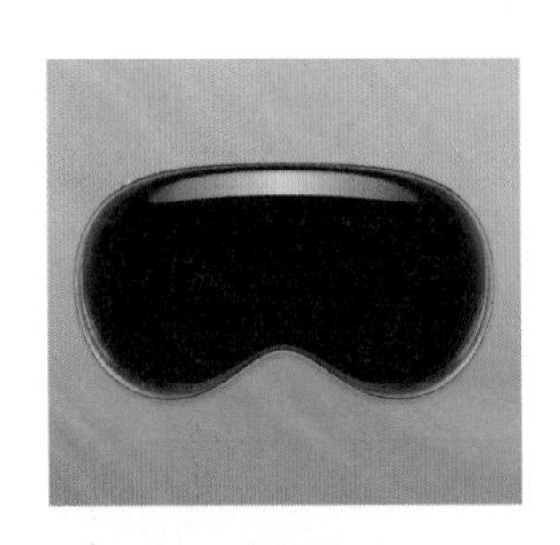

• 비전프로 •

매력적인 증강 현실 헤드셋을 개발하기 위해 그동안 여러 회사들이 노력해 왔습니다. 애플이 내놓은 최초의 VR 제품인 비전 프로는 그중 하나로, 새로운 공간 컴퓨터의 시대를 열었다는 평가를 받고 있어요. 새로운 애플디자인의 RI칩과 마이크로 OLED 디스플레이를 비롯해서 12개의 카메라, 6개의 마이크, 5개의 센서를 갖추고 있지요. 착용자는 눈, 손, 음성으로 제어되는 3D 인터페이스를 통해 혼합현실을 경험할 수 있어요. 애플의 사장 팀 쿡은 "디지털 콘텐츠를 현실 세계와 혁신적인 방식으로 융합"하는 것을 목표로 한다고 말했습니다.

5. 케이블이 없는, LG 시그너처 TV

• LG 시그니처 TV •

최고의 발명품 중에는 전자기기와 가전 분야에서 약진하는 우리나라의 삼성과 LG의 제품도 들어있어요. LG에서 내놓은 시그너처 OLED M은 세계 최초로 4K, 120Hz를 지원하는 97인치 무선 TV입니다. 소비자들이 TV를 고를 때 디자인에 민감하며 복잡한 것을 싫어하는 데 착안해 주변기기와 연결하는 입출력 전선을 모두 없애고, 전원을 연결하는 전선 단 하나만을 남겼습니다. 다른 TV 뒷면에 매달려 있는 전기줄을 모두 '제로 커넥트 박스'로 이동하고, 독자적인 기술을 써서 화면으로부터 최대 10미터까지 고품질의 오디오와 비디오 신호(돌비, 4K 등)를 무선으로 전송합니다.

6. 세탁기용 미세섬유 필터, 레스(Less Microfiber Filter)

미세 플라스틱에 의한 해양 오염이 심각합니다. 이 중 15퍼센트는 옷

• 레스 •

감과 같은 합성 섬유에서 만들어 진다고 해요. 세탁할 때 나오는 미세 플라스틱은 폐수처리 시설을 거치더라도 결국은 바다로 향하지요. 삼성의 레스 미세섬유 필터(Less microfiber filter)는 파타고니아 정부와 환경단체 오션와이즈와 협력하여 이런 악순환을 막기 위해서 개발되었습니다. 어떤 세탁기와도 호환이 되기 때문에 배수구에 연결만 하면, 세탁 과정에서 발생하는 미세 플라스틱의 98퍼센트를 여과할 수 있습니다.

7. 지속가능한 3D프린팅 신발

• 3D프린팅 신발 •

젤러펠트라는 회사는 세상의 모든 사람들에게 재활용이 가능한 신발을 신기겠다는 원대한 목표를 가지고 있어요. 이 스타트업은 자체 디자인한 200대의 3D프린터를 이용하여 구매자들로부터 스마트폰으로 자신의 발을 스캔한 사진을 받아 맞춤형 신발을 제작합니다. 모든 신발은 열가소성 폴리우레탄이라는 하나의 재료로 만들어, 여러 재료가 섞여 재활용을 어렵게 하는 문제를 해결했어요. 또 오래되거나 망가진 신발을 보내면 녹여서 멋진 디자인으로 새 신발을 만들어 준다고 합니다.

8. 눈에 띄지 않는, 솔라 기와(Solar Roof-tile)

폼페이에 있는 몇몇 집들은 평범해 보이지만 특수한 기와로 덮여 있습니다. 전통적인 테라코타처럼 보이는 이 기와는 디아쿠아가 만든 '인비저블 솔라 패널'입니다. 불투명한 점토처럼 보이지만, 표면층을 통과한 태양광이 하단에 있는 광전소자까지 도달합니다. 유리로 만들어진, 전형적인 솔라 패널은 이탈리아를 비롯한 세계적 유적지에서 금지

• 솔라 기와 •

된 곳이 많습니다. 디아쿠아 솔라 패널은 주변의 모습을 훼손하지 않으면서 효율적으로 전기를 얻을 수 있습니다. 전통과 기술이라는 두 마리 토끼를 잡은 셈이지요.

9. 이동하는, 솔라 화성 봇(Solar Mars BOT)

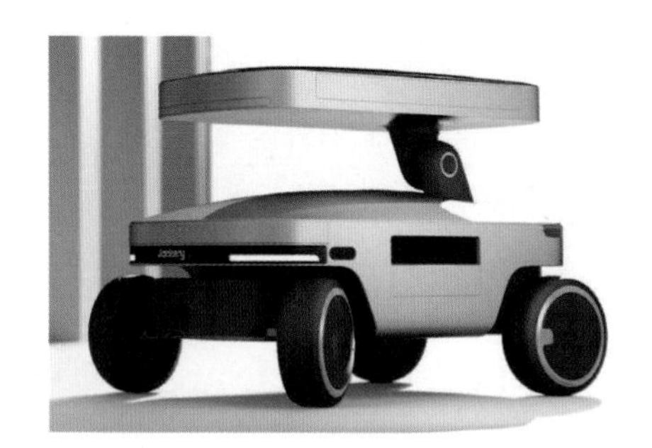

• 솔라 화성 봇 •

만약 솔라 패널이 고정되어 있지 않고 로봇처럼 움직일 수 있다면 어떨까요? 재커리의 솔라 화성 봇은 이동하는 솔라 패널의 미래적인 개념입니다. 이 작은 로봇은 인공 지능, 자율주행 기술 및 광센서를 결합하여 지형을 돌아다니며 최적의 햇빛을 받을 수 있는 곳을 찾아갑니다. 화성 탐사선처럼 햇빛을 추적하고, 해바라기처럼 가장 효율적인 방법으로 빛을 흡수하지요. 5kWh의 태양에너지를 배터리에 저장하여 석유 발전기를 대체할 수 있어요. 이 로봇은 태양광 발전과 에너지 저장, 자율 이동 기능을 이용해 아웃도어 전력 공급의 혁신을 가져올 것으로 평가됩니다.

10. 자율주행 셔틀 서비스, 죽스(Zoox)

자율 주행은 점점 현실이 되고 있습니다. 아마존의 자회사인 죽스

(Zoox)는 자율 주행 차량을 설계하는 회사로, 최신 기술을 통해 이 분야에서 큰 발전을 이루었습니다. 죽스가 개발한 차량은 운전석이나 운전대, 페달이 없으며, 현재 수백명의 자사 직원들을 대상으로 출퇴근 셔틀 서비스를 시범 운영하고 있어요. 필요한 경우 원격으로 사람의 도움을 받을 수도 있지요. 가까운 미래에 셔틀 서비스를 라스베이거스와 샌프란시스코 구간에 도입하여 일반 대중에게도 제공할 계획이라고 합니다.

• 죽스 •

11. 헤어 스트레이트너, 에어 스트레이트(Air Strait)

헤어 스트레이트너는 1909년 발명된 이후, 하나의 미용 루틴으로 자리 잡았습니다. 하지만 건조한 머리카락을 고온의 다리미로 누르는 과정에서 피부 화상을 입거나 장기적으로 머리카락을 손상시킬 수 있어요. 다이슨은 1.5mm의 좁은 슬롯을 통해 45도

• 에어 스트레이트 •

각도로 강력한 공기를 젖은 머리카락에 부는 방식으로 작동하도록 설계했어요. 이렇게 하면 고온의 다리미로 인한 모발 손상을 방지하고 작업속도를 높일 수 있습니다. 이 기계에 사용되는 모터는 F1엔진에 비해 회전속도가 5배나 빠른 10만 rpm의 고속회전 모터입니다.

12. 암 진단 현미경, 인비전(InVision)

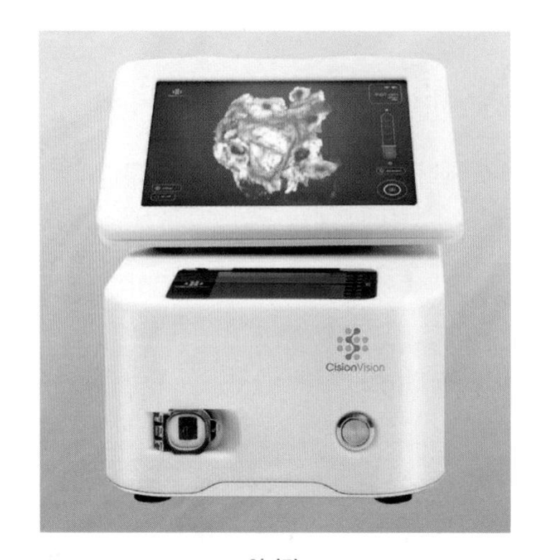

• 인비전 •

암이 퍼지는 경로인 림프절을 찾기 위해 아직까지 체조직 샘플을 일일이 손으로 조사하는 방법이 사용되고 있습니다. 의료장비 회사인 시전비전은 단파 적외선 기술을 이용하여 주변 지방 조직과 대조되는 림프절을 보여주는 최초의 현미경인 인비전을 개발하였습니다. 조기의 암 진단과 정확한 분류를 가능하게 함으로써 많은 생명을 구할 것으로 기대합니다. 스탠포도와 노스웨스턴을 비롯한 주요 병원에서 암을 조기 진단하고 치료 계획을 세우기 위해 이미 활용되고 있습니다.

이 외에도 《타임》지가 선정한 올해 최고 발명품에는 애플워치 울트라

2, 누구나 수리가 가능하게 만든 노키아의 G22, 미국 최초의 레벨3 자율주행 시스템인 벤츠의 드라이브 파일럿(Drive Pilot), NASA의 소행성 연구 우주 탐사선 오시리스-렉스(OSIRIS-REx), 나이키의 성능 의류 에어로가미(Aerogami), 레노버의 롤러블 노트북(Rollable Laptop), 라스베가스의 명소가 된 스피어(Sphere) 등이 포함되어 있습니다.

3.141
1M3FT

CHAPTER
03

오늘날 우리는 공학이 만든 현실에서 살아가고 있어요

세계적으로 공학이 주목받은 첫 번째 사건은 무엇일까요? 바로 증기 기관 발명이 아닐까 합니다. 영국에서 먼저 상용화된 증기 기관은 몇천 년을 이어 온 농경 사회를 산업 사회로 바꾸었고 사람들을 고된 노동에서 해방시켜 주었습니다. 이 밖에도 전기의 발명은 밤낮의 구분을 없앴고, 전화와 무선 통신은 시간과 공간의 한계를 초월했습니다. 공학이 없었더라면 인류가 지금 누리고 있는 물질적 풍요는 없었을 것입니다.

01

산업 혁명을 일으킨 원동력, 증기 기관

중세 봉건 시대가 끝이 나고 14~16세기에 유럽은 르네상스 시대를 맞이했습니다. 신이 계시한 진리를 수동적으로 받아들여야 하는 종교적인 분위기에서 벗어나 자연의 비밀을 객관적으로 탐구하고 발명을 통한 기술 진보를 중요하게 생각하는 시대가 왔지요. 갈릴레오 갈릴레이가 태양이 우주의 중심이라는 코페르니쿠스의 지동설을 지지한 것도 이 시기입니다.

레오나르도 다빈치는 르네상스를 대표하는 인물이었습니다. 그는 화가이자 발명가, 건축가, 기술자, 해부학자로서 과학과 예술을 넘나드는 천재였습니다. 자연과학에 대한 호기심과 예술에 대한 재능을 바탕으로 창의력을 유감없이 발휘해 낙하산, 방적 기계, 거중기, 선반, 펌프,

바람방아, 비행기 등 일일이 나열하기 어려울 정도로 많은 것들을 발명했지요. 스스로를 군사 기술자라 칭하기도 한 그는 과학과 예술을 겸비한 이상적인 엔지니어였습니다.

르네상스 시대에 알려진 과학 지식이 실용적으로 활용되면서 현대 공학 기술이 태동하기 시작했습니다. 학문적 의미에서의 공학이라는 말도 18세기에 처음 사용되었답니다. 당시에는 군사공학(military engineering)에 대비되는 의미로 시민공학(civil engineering)이라고 불렀지요. 시민공학은 오늘날의 토목공학에 해당합니다. 국가 차원에서 시민 생활에 도움을 주기 위해 도로를 만들고 다리를 놓는 큰 규모의 공사와 관련된 공학 기술을 의미했지요.

자연과학에 대한 긍정적인 분위기가 점점 무르익으면서 영국에서는 1660년에 자연과학을 전문으로 연구하는 왕립 학회를 설립했습니다. 프랑스에서도 과학 아카데미와 기술 관료를 양성하는 명문 공학 학교(현재 에콜 폴리테크니크)를 설립했지요. 사회적으로 산업 혁명을 일으킬 수 있는 지식적 토대가 마련되고 있었던 것입니다.

증기 기관을 발명한 사람은 제임스 와트가 아니에요

증기 기관은 물이 끓을 때 생기는 증기의 힘으로 기계를 돌려 동력을 얻는 기계입니다. 에너지 측면에서 보면 열에너지를 운동 에너지로 바꾸는 기계인데, 이러한 기계를 원동기 또는 엔진이라고 합니다. 증기 기관이 등장하기 전에도 수력이나 풍력 등 자연의 힘을 이용해 동력을 얻는 기계는 있었습니다. 하지만 열에너지로 동력을 얻는 것은 증기 기관이 최초였지요.

증기 기관은 인류가 살아오면서 경험한 어떤 변화보다 커다란 변화를 가져다주었습니다. 몇천 년을 이어 온 농경 사회를 산업 사회로 바꾸었고, 고된 노동에서 사람들을 해방시켜 주었지요. 어떻게 기계 하나가 인류의 삶을 이토록 크게 바꾸어 놓을 수 있었을까요?

사실 증기 기관의 원리는 18세기에 처음 고안된 것이 아닙니다. 고대 그리스 시대에 헤론이라는 사람이 '헤론의 공'이라는 이름으로 고안했지요. 헤론의 공은 물통에 물을 넣고 끓이면 파이프를 타고 올라간 증기가 쇠공에 연결된 두 개의 출구로 뿜어져 나오면서 공을 회전시키는 원리입니다. 고대 사람들도 물에 열을 가하면 부피가 팽창한 증기가 분출되면서 반작용이 생긴다는 사실을 경험적으로 잘 알고 있었지요.

오늘날 증기 기관은 영국의 제임스 와트가 발명한 것으로 알려져 있습니다. 하지만 와트가 태어나기 30여 년 전인 1705년에 이미 토마스 뉴커먼이라는 사람이 증기 기관을 발명했습니다. 뉴커먼이 고안한 증기 기관은 실린더를 가열해 그 안에서 팽창한 증기로 피스톤을 밀어 올립니다. 반대로 실린더에 찬물을 뿌리면 공기의 부피가 줄어들면서 피스톤이 다시 아래로 내려오지요. 이렇게 가열하고 식히는 작업을 반복하면 피스톤이 상하로 왕복 운동을 하면서 연속적으로 일을 하게 됩니다. 하지만 가열하고 식히기를 계속 반복해야 하니까 열효율이 매우 낮다는 단점이 있지요. 그래서 광산에서 갱도의 물을 퍼내는 펌프 정도로만 쓰였을 뿐 널리 보급되지는 못했습니다.

여러분이 잘 알고 있는 제임스 와트는 영국의 기계 기술자였습니다. 그는 어느 날 뉴커먼 기관을 수리하다가 이 장치의 놀라운 성능을 알고 깜짝 놀랐습니다. 와트는 연구 끝에 뉴커먼 기관의 효율을 높이기 위한 방안을 냈습니다. 실린더를 통째로 가열하고 식힐 것이 아니라 실린더 벽체는 항상 뜨겁게 유지하되 실린더에 들어 있는 공기만 분리해서 냉각하는 장치를 고안했지요. 바로 응축기였습니다. 응축기 덕분에 증기 기관의 효율은 무려 네 배나 높아졌습니다. 그리고 와트는 이 기계의 특허를 신청했습니다. 오늘날 대부분의 사람들이 증기 기관을 발명한 사람으로 와트를 떠올리는 이유지요.

당시 와트 외에도 증기 기관의 효율을 개량하기 위해 많은 엔지니어가 밸브나 작동 방식에 관해 연구했습니다. 사실 와트는 당시 증기 기관을 개량하기 위해 노력한 사람들 중의 하나에 불과합니다. 하지만 결정적인 해결책을 냈기 때문에 증기 기관을 대표하는 사람으로 이름을 올릴 수 있었지요. 알고 보면 대단한 발명도 백지 상태에서 시작하는 것이 아니라 여러 사람이 이루어 온 바탕 위에서 이루어집니다. 그리고

Fig. 21 —HERON'S EOLIPILE.

헤론의 공(左)과 뉴커먼이 고안한 증기 기관(右)입니다.
산업 혁명을 이야기할 때면 늘 등장하는 증기 기관이
고대에 고안된 것이라고 하니, 놀랍지 않나요?

역사는 한 사람의 노력이 아닌, 많은 사람의 노력 위에서 움직이고요.

증기 기관은 어떻게 활용됐을까요?

증기 기관이 쓸 만한 수준에 이르자 그동안 연구하고 개발하던 사람들보다 더 많은 사람이 증기 기관의 활용 방안을 생각하기 시작했습니다. 증기 기관은 주로 사람이나 동물의 힘으로 직접 움직여야 하던 기계들에 활용됐습니다. 말이 끄는 마차와 바람으로 가는 범선 등의 교통수단을 비롯해 실을 뽑아 천을 짜는 기계, 곡식을 빻는 기계, 탄광의 물을 빼는 펌프, 냉동 장치, 심지어 무거운 성문을 들어 올리는 기계까지 모든 기계에 사용됐지요.

증기 기관을 가장 먼저 사용한 분야는 면직 산업입니다. 당시 영국은 식민지인 인도에서 값싸고 질 좋은 면직물을 들여오면서 면직 산업이 발달하기 시작했습니다. 공장주들은 수요가 점점 늘어나자 생산성을 높이기 위해 방직 기계들을 증기 기관의 힘으로 움직였습니다. 그 결과, 영국은 수출품 중 면직물이 차지하는 비율이 약 50퍼센트에 이르렀고, 면직 산업 생산력이 국민 소득의 약 10분의 1을 넘어설 정도로 크게 발전했습니다. 수작업으로 물레를 돌리던 면직물의 종주국인 인도를 크게 앞질렀지요.

INTERIOR OF GENERATING STATION, CITY AND SOUTH LONDON RAILWAY

증기 기관은 면직물 산업뿐만 아니라
제철 산업, 석탄 채굴, 기계 공업 등에도 이용되어
영국 산업 전반에 혁명을 가져왔습니다.

증기 기관의 사용이 늘면서 석탄 수요도 크게 늘었습니다. 하지만 당시의 주요 교통수단인 마차로는 많은 양의 석탄을 제때에 공급하기 어려웠습니다. 더 많은 양의 석탄을, 누구보다 빠르게 운용할 수단이 필요했지요.

증기 기관을 범선에 활용하려는 생각은 아주 자연스러운 것이었습니다. 대형 범선은 충분히 커서 거대한 증기 기관을 탑재하는 데 큰 문제가 없었기 때문입니다. 하지만 추진력을 얻기 위해 효율적인 추진 장치를 고안해야만 했습니다. 증기 기관만으로는 엄청난 양의 석탄을 실은 범선을 움직일 수 없으니까요. 기존의 배 대부분은 노를 저으면서 움직였는데, 이 노를 대신해 앞으로 나아가게 해줄 추진 장치가 필요했습니다. 결국 1807년에 로버트 풀턴이 물레방아 형태의 추진체를 개발하고 나서야 증기선 운항이 시작되었지요.

열차에 증기 기관을 탑재하는 것은 선박에 탑재하는 것보다 더 어려웠습니다. 증기 기관이 덩치가 커서 열차 한 량에 전부 들어갈 수 없었기 때문입니다. 게다가 거대한 쇳덩어리가 많은 양의 석탄을 싣고 얼마나 빠르게 달릴 수 있었을까요?

탄광촌에서 태어나 탄광에서 일하던 영국의 조지 스티븐슨이 증기 기관을 오랜 시간 연구한 끝에 이 문제들을 해결해 냈습니다. 그리고 1825년에 스티븐슨이 개발한 증기 기관차가 최초로 스톡턴–달링턴 철도를 달리기 시작했습니다. 철도 수송의 시대가 열린 것입니다. 이 기차는 많은 양의 수송품을 더 빨리 그리고 더 멀리 운송함으로써 도시와 지방을 가깝게 연결해 주었습니다. 물론 스티븐슨이 개발한 기차에도 커다란 보일러와 물탱크가 딸린 증기 기관이 있고, 끓일 물, 석탄 연료가 잔뜩 실렸습니다. 게다가 기차가 달리는 동안 화부가 쉬지 않고 삽으로 석탄을 보일러에 밀어 넣어야 했고요. 참고로 '기차'라는 말은 '증기로 움직이는 차'라는 의미에서 지어진 이름이랍니다.

새로운 기술을 새로운 분야에 응용하는 것은 쉽지 않습니다. 아무리 좋은 생각이라 할지라도 정밀하게 계획되고 설계되지 않으면 전체적으로 효용성이 떨어져 외면받기 마련이지요. 증기 기관 역시 초기에는 고장도 잦고 외연 기관 고유의 한계를 가지고 있었습니다. 하지만 계속 문제를 개선했기 때문에 사람들로부터 오랫동안 사랑을 받을 수 있었습니다. 이제 칙칙폭폭 정겨운 소리와 함께 연기를 뿜으며 오막살이집 옆을 달리던 기차는 먼 옛날이야기가 되고 말았지만요.

영국의 노동자들이 기계를 부수는 사태가 발생했어요

산업은 서로 연계되기 마련입니다. 우리나라 자동차 산업만 보더라도 자동차 생산과 밀접하게 연관된 철강 산업과 각종 기계 부품 산업이 함께 발전했습니다. 또 자동차에 들어갈 기름을 공급하는 정유 산업,

기차와 철도는 영국 밖으로 뻗어 나가기 시작했습니다.
기차가 없었더라면 산업 혁명의 물결이
유럽 전역으로 퍼지는 데 많은 시간이 걸렸을 겁니다.

자동차가 달릴 도로를 건설하는 건설 산업 등도 발전했지요. 거꾸로 생각하면 하나의 산업이 발전하기 위해서는 연계된 모든 산업 분야가 토대를 마련해 줘야 합니다.

영국에서 산업 혁명이 일어날 때도 마찬가지였습니다. 증기 기관을 활용하면서 많은 양의 석탄이 필요해지자 석탄 채광 산업이 발전했습니다. 증기 기관 및 다양한 기계에 부품을 공급하는 기계 공업도 크게 발전했지요. 공업 분야 전반의 생산력이 높아지자 영국은 철도를 타고 머나먼 대륙으로 달리기 시작했습니다. 그리고 증기선을 타고 더 먼 대양으로 진출해 세계 곳곳에 식민지를 건설하고 '해가 지지 않는 나라'가 되었지요. 증기 기관이라는 작은 기계가 영국뿐 아니라 유럽 전역을 거쳐 지구상에 사는 모든 사람의 삶을 바꾼 것입니다. 인류의 역사를 바꾸어 놓았다고 해도 과언이 아니지요.

물론 신기술이나 신제품이 항상 긍정적인 변화만을 가져오지 않습니다. 방직기가 발명되기 전에는 숙련된 수공업자들이 실을 뽑고 옷감을 만들었습니다. 그들은 독립된 소규모 작업장에서 오랫동안 익힌 솜씨로 옷감을 만들어 생계를 유지했지요. 그런데 방직기가 등장해 대량의 면직물이 값싸게 공급되면서 수공업자들은 점차 경쟁력을 잃어 갔습니다. 결국 실업자가 되거나 공장에 취직해 방직기를 돌리는 공장 노동자로 전락하고 말았지요.

다른 분야의 수공업자들도 하나둘씩 기계에 일자리를 빼앗기면서 사회적으로 불만이 높아졌습니다. 기계가 인간의 노동력을 대신하면서 사람들을 고된 노동으로부터 해방시키기는 했지만 사회적 갈등도 일으켰던 것입니다. 특히 노동자들의 근로 환경이 문제였습니다. 영국의 공장주들은 값비싼 기계를 사는 데에는 돈을 아끼지 않았지만, 노동자들의 임금에는 지갑을 닫았습니다. 대량 생산으로 물건들의 값이 싸지면서 중산층들은 물질적 풍요를 누렸지만, 노동자들은 그 혜택을 누릴 수 없었지요. 그러던 중 경기 불황이 겹치면서 급기야 노동자들이 공장을 습격하고 기계를 부수는 사태가 발생했습니다. 바로 19세기 초 영국에서 일어난 러다이트 운동입니다.

오늘날 제4차 산업 혁명이 시작되면서 사람들은 인공 지능이 가져올 사회적 변화를 걱정하고 있습니다. 제1차 산업 혁명이 일어나 기계가 인간의 노동력을 대신한 것처럼 기계가 인간의 지능을 대신할까 봐 우려하는 것입니다. 그런데 사람이 인공 지능을 이길 수 있을까요? 이

러다이트 운동

19세기 초, 나폴레옹 전쟁이 일어나면서 영국은 경제 불황에 빠졌습니다. 그 결과, 공장주들은 더 이상 노동자를 새로 고용하지 않았고, 데리고 있던 노동자들에게도 임금을 제때에 주지 않았지요. 그러자 노동자들은 자신들의 생활고를 기계의 탓으로 돌리며 기계 파괴 운동을 조직적으로 벌였습니다.

긴다 해도 우리에게 어떤 점이 이로울까요? 우리는 역사적 교훈에 비추어 볼 때 인공 지능과 경쟁하기보다 인공 지능을 어떻게 잘 활용할지 고민해야 합니다. 기차보다 더 빨리 달리려 하지 말고 기차에 올라타야 하는 것처럼, 또 컴퓨터보다 더 빠르고 정확하게 계산하려 하지 말고 컴퓨터를 잘 활용해야 하는 것처럼 이제는 인공 지능을 어떻게 창의적으로 활용할지 궁리해야 합니다.

02

세계를 밝히고 시공간의 경계를 허문 전기

번개나 전기 물고기는 예로부터 호기심의 대상이었습니다. 만물의 영장이라고 불리는 인간조차 스스로 빛을 낼 수는 없으니까요. 게다가 그 밝기가 부싯돌을 여러 번 부딪혀 만들어 내는 화롯불이나 양초로는 흉내 낼 수도 없는 것이었으니, 사람들의 빛을 향한 열망은 높아져만 갔습니다.

사람들은 끊임없이 빛을 연구했고, 그 결과는 18세기의 정전기 연구로 꽃을 피웠습니다. 앙드레 앙페르, 마이클 패러데이 등 여러 과학자들이 전기와 자기 사이의 관계를 규명하며 전자기 원리들을 하나둘씩 밝혀냈지요. 그 결과 19세기 말에는 전기를 이용하는 발명품들이 쏟아져 나왔습니다. 발전기를 비롯해 전구, 전화기 등이 개발되었지요.

전기 표준 시스템은 이렇게 만들어졌어요

발전기는 운동 에너지를 전기 에너지로 바꾸어 줍니다. 영구 자석 사이에서 전선을 움직이면 전류가 발생한다는 패러데이의 법칙을 이용한 것이지요. 전기 에너지로 운동 에너지를 만드는 전기 모터와 원리는 같지만 에너지 변환 방향은 반대입니다. 최초의 발전기는 1860년대 후반에 벨기에의 엔지니어인 제노브 테오필 그람이 발명했으며 그의 이름을 따서 그람 발전기라고 불렀습니다. 이후 1866년에는 에른스트 지멘스가 전자석을 사용한 대형 발전기를 완성했지요.

이후 미국에서는 발전기를 놓고 한바탕 전류 전쟁이 벌어졌습니다. 천재 발명가인 니콜라 테슬라와 발명왕 토머스 에디슨 사이에서 벌어진 세기적인 전기 주도권 싸움이었지요. 당시 에디슨은 전등을 비롯해 축음기, 전신기 등 수많은 발명품을 만들어 냈을 뿐 아니라 사업 수완이 좋아 세계적인 부를 쌓았고 사회적으로도 영향력이 컸습니다. 그는 1878년에 전기 조명 회사를 설립한 데 이어 1882년에는 뉴욕시에 최초의 대규모 화력 발전소도 건설했지요. 당시 에디슨은 직류에 관심을 쏟고 있었기 때문에 발전소 및 기타 송배전 시스템을 모두 직류로 구축하고 있었습니다.

그런데 에디슨의 회사에서 연구원으로 일하던 헝가리 출신 테슬라가 직류의 문제점과 교류의 우수성을 알게 되었습니다. 그는 교류를 사용해야 한다고 주장하며 에디슨과 갈등하다가 결국 회사까지 그만두었지요. 그는 교류 발전기를 개발하고 새로운 회사를 차려 에디슨의 직류 발전기와 정면으로 싸우기 시작했습니다. 개인적인 싸움으로 보일 수도 있지만 이는 제품 차원의 경쟁을 넘어 누구의 기술이 전기 표준 시스템이 될지 결정하는 중요한 승부였습니다.

신참인 테슬라가 거물 사업가인 에디슨을 대적하기는 쉽지 않았습니다. 게다가 에디슨은 홍보에도 능했습니다. 교류의 위험성을 알리기 위해 동물을 교류로 감전시키는 그림이 담긴 전단지를 배포하거나 고압의 교류를 이용해 사형을 집행하는 전기의자까지 발명했지요.

하지만 시간은 테슬라에게 유리하게 흘러갔습니다. 때마침 구리 가격이 폭등했는데, 교류는 전압을 높이기만 하면 전력 손실을 크게 줄일 수 있어 직류보다 가는 구리선을 이용할 수 있었기 때문입니다. 먼 거리 송전도 가능했고요. 결국 천재 발명가 테슬라가 승리하면서 전류 전

직류와 교류

직류는 시간에 관계없이 세기와 방향이 일정한 전류입니다. 반면에 교류는 시간에 따라 방향과 세기가 주기적으로 변동하는 전류지요. 교류는 변압기를 이용해 간단하게 전압을 바꿀 수 있습니다. 또한 송전이 용이하고 전압을 높이면 선로 손실을 줄일 수 있지요.

쟁은 끝이 났습니다.

전기가 생기자 밤을 밝힐 수 있게 됐어요

전기를 만들었으니, 이제 불을 밝히는 조명 기구도 만들어야겠지요? 오늘날처럼 전기 조명 기구가 등장하기 전에는 가스등이 주로 사용됐습니다. 영국인 윌리엄 머독이 발명한 가스등은 지금과 같은 석유 가스가 아니라 석탄에 열을 가해 뽑아낸 석탄 가스를 이용했습니다. 1930년대 일제 강점기 시절에 경성의 거리를 비추던 것 역시 석탄 가스를 쓰는 가로등이었지요.

가스등은 1807년부터 런던 거리에 대대적으로 설치되었습니다. 옛날 런던을 배경으로 하는 영화에도 안개 속에서 은은하게 길을 비추는 가스등이 계속 나오지요. 당시에 도시를 환하게 밝히는 가스등 조명은 주민뿐 아니라 관광객들에게도 상당히 인상적이었다고 합니다. 이후 파리, 베를린, 워싱턴 등에도 설치되면서 가스등은 전 세계 곳곳으로 퍼져 나갔지요.

많은 사랑을 받던 가스등은 전등이 등장하면서 위기를 맞게 됩니다. 전등의 원리를 처음으로 발명한 것은 영국의 험프리 데이비입니다. 그는 두 전극 사이로 전기가 흐르면 빛이 나온다는 사실을 발견했습니다.

이를 통해 전기로 열선을 가열해 환한 빛을 발생시키는 전구를 만들어 백열전구라고 불렀지요. 하지만 백열전구는 열선이 쉽게 끊어지고, 빛이 지나치게 강하다는 문제가 있었습니다.

에디슨은 여러 가지 필라멘트 재료로 끈질기게 실험해 1879년에 드디어 전구의 상품화에 성공했습니다. 그렇기에 사람들이 전구를 발명한 사람으로 에디슨을 기억하는지 모르겠습니다. 하지만 당시의 전구는 수명이 그리 길지 않고 전압이 안정적이지 못해 곧바로 가스등을 대체하지는 못했습니다. 게다가 경쟁 상대인 가스등이 불꽃 위에 석면 덮개를 올려놓으면 밝기가 훨씬 밝아지고 자연스러운 백열광을 만들어 내면서 가스등을 찾는 사람들이 더 많아졌지요.

물론 백열전구 개발자들도 가만히 있지는 않았습니다. 백열전구에 금속 필라멘트를 사용하고 불활성 가스를 넣어 수명을 늘리는 등 전구의 성능을 대폭 개선했지요. 덕분에 백열전구가 가스등을 대체해 갔지만, 이는 에디슨이 백열전구를 개량하고 30년이 지나고 나서야 생긴 일이랍니다.

우리나라에서는 조선 말, 고종 때 처음으로 전등이 거리를 밝혔습니다. 1887년에 경복궁 향원정 연못의 물을 끌어 올린 뒤, 그 물로 3킬로와트짜리 증기 발전기를 돌려 건천궁 주변에 16촉짜리 아크등 750개를 밝혔지요. 난생 처음 보는 불빛이 어두운 궁궐을 밝히자 고종을 비롯해 시등식에 참석한 각국의 외교관들은 탄성을 질렀다고 합니다. 참고로 1촉은

19세기에 많은 사랑을 받은 가스등은
이제 그 흔적을 찾기 어려워졌습니다.

촛불 하나를 켤 때의 밝기로, 당시 건천궁에 설치한 설비는 아시아에서 최고 수준이었지요. 하지만 발전기 돌아가는 소리가 요란한 데다 발전기 전압이 일정하지 않아 불이 자주 깜빡거리는 바람에 전등은 도깨비불 또는 건달불이란 별명을 얻기도 했습니다. 또 증기 기관이 만들어 내는 뜨거운 물 때문에 향원정의 물고기가 떼죽음을 당하기도 했지요.

그런데 이렇게 재미있는 이야기를 만들어 내며 오랫동안 곳곳에서 어두운 밤을 밝혀 주던 백열전구도 퇴출될 위기에 처해 있습니다. 사실 백열전구는 전기 에너지의 95퍼센트를 열로 발산해 에너지 효율이 매우 낮습니다. 이 때문에 우리나라에서도 2014년부터 백열전구의 사용과 생산을 전면적으로 금지하고 있지요. 그래서 오늘날에는 형광등이나 LED(Light Emitting Diode)를 많이 사용하는데, 그중에서도 발광 다이오드인 LED는 효율이 높고 색상이 다양해 차세대 조명으로 각광받고 있습니다.

일본의 과학자 나카무라 슈지는 청색 발광 다이오드를 발명해 노벨 물리학상을 수상했습니다. 덕분에 에너지 효율성이 높고 사용 기간도 훨씬 긴 친환경 LED를 만들 수 있게 되었지요. 그런데 이렇게 환경적으로나 공학적으로 크게 공헌한 그는 회사로부터 고작 20만 원을 받았다고 합니다. 심지어 기술을 누출한 혐의로 회사로부터 고발까지 당하지요. 물론 나중에 소송을 통해 80억이 넘는 천문학적인 액수를 받아 내기는 했지만, 노벨 물리학상을 받을 정도로 뛰어난 발명을 한 엔지니어가 이렇게 제대로 대접받지 못했다니 아이러니하지 않나요?

전기의 발명은 전화도 탄생시켰어요

전기는 통신 분야에도 획기적인 발전을 불러왔습니다. 바로 음성을 전기 신호로 바꾸어 전선을 통해 멀리 떨어진 곳까지 전송하고 이를 다시 음성으로 복원해 주는 전화를 탄생시킨 것입니다.

전화 이전에는 전신이 있었습니다. 전신은 문자나 숫자를 전기 신호로 바꾸어 보내는 통신 형태로, 짧은 발신 전류(·)와 긴 발신 전류(–)의 조합으로 만들어진 모스 부호를 이용해 알파벳과 숫자를 전송했습니다. 전신 기술은 일종의 디지털 기술로서 컴퓨터의 발달에 따라 데이터 통신으로 발전했지요.

오늘날과 같은 형태의 전화는 알렉산더 그레이엄 벨이 발명했다고 알려져 있습니다. 벨이 발명 특허를 신청한 1876년 2월 14일에 엘리샤 그레이가 벨보다 두 시간 늦게 동일한 특허를 신청했다는 이야기는 유명합니다. 조금이라도 먼저 접수한 사람이 우선이기 때문에 특허국은 벨의 손을 들어 주었지요. 하지만 최초로 전화를 발명한 사람은 21년 앞서 임시 특허를 낸 안토니오 무치임이 나중에 밝혀졌습니다.

당시 전화는 사람이 직접 우편물을 배달하는 정보 전달 방식과 다르게 물질적인 이동 없이 신호만을 전달하는 첨단 소통 기술이었습니다. 시간과 공간의 한계를 극복함으로써 인류의 삶을 바꾼 대표적인 발명품 중 하나지요. 오늘날에는 SMS를 이용해 눈 깜짝할 사이에 메시지를 주고받을 수 있지만, 예전에는 편지 하나가 오가는 데만 해도 며칠씩 걸렸답니다. 그러니 목소리로 직접 연락을 주고받을 수 있게 되자 얼마나 놀랐을까요? 게다가 사람이나 물류가 이동할 필요가 없으니 보다 값싸게 소식을 전달할 수 있어 사람들이 너나 할 것 없이 전화를 좋아했지요. 기존에도 모스 부호로 멀리 있는 사람에게 소식을 전달할 수는 있었지만, 모스 부호는 일반인이 해독하기 어렵고 글자 수가 많아질수록 요금이 비싸 일상적인 용도로는 사용하기 어려웠거든요.

초창기 전화기는 자석식이었는데 발신 신호와 음성 신호 두 가지 정보를 전달했습니다. 먼저 전화기를 들고 자석 발전기를 돌리면 발신 신호가 전화국으로 들어갑니다. 이 발신 신호로 전화국에 통화 의사를 전달하고 상대방의 전화번호를 불러 주면 교환원이 수동으로 잭을 꼽아 상대방 번호 단자에 연결시켜 주지요. 음성 신호는 말을 보내는 송화기에서 만들어집니다. 탄소 진동판이 있어서 음성의 세기에 따라 탄소 알갱이가 진동하며 전류를 발생시키지요. 귀에 대는 수화기는 상대방이 보내온 음성 전류를 다시 음성 신호로 바꾸는 역할을 합니다. 수화기에 들어 있는 전자석에 전류가 흐르면 얇은 진동판이 떨리면서 소리를 만들어 내지요.

초기에는 전화기 자체도 비쌌지만 전화선 설치 비용이 상당했습니다. 전화국에서 가입자가 있는 곳까지 모두 전선으로 연결해 물리적으로 전화망을 구축해야 했기 때문입니다. 서울과 인천까지 연결하는 전화망이 있어야만 서울에 사는 사람이 인천에 사는 사람에게 전화를 할 수 있는 시스템이었던 것입니다.

이후 자동 교환기가 발명되면서 비약적으로 전화가 보급되었습니다. 교환원 없이 직접 수화기를 들고 다이얼을 돌리거나 버튼을 누르면 신호가 전자 교환기에 직접 전달되어 자동으로 상대방 전화에 연결되었지요. 그 결과 더 많은 사람이 쉽게 전화를 걸 수 있게 됐지만, 당시 인기 직종이던 전화 교환원이라는 직업은 사라지고 말았답니다.

우리나라에는 1896년에 최초로 전화기가 설치되었습니다. 덕수궁에 설치해 고종이 즐겨 사용했다고 합니다. 일반인들도 사용할 수 있는 공중전화는 1902년에 개통되었습니다. 그러나 서울과 인천 지역 사람들만 전화를 주고받을 수 있었지요. 서울과 개성, 개성과 평양, 서울과 수원 등 전화 통화권이 전국으로 확대된 것은 대한제국 이후입니다.

이동 통신 혁명도 전기로부터 시작됐어요

전화기의 발명만으로 스마트폰을 발명할 수 있었을까요? 전신이나

1892년 뉴욕에서 시카고로 걸려 온 전화를
벨이 직접 받고 있는 장면입니다.

전화는 전선을 따라 신호를 전달하는데, 일반 휴대 전화나 스마트폰은 전선이 없는 채로 신호를 전달해야 하잖아요?

휴대 전화나 스마트폰, 무전기 등에 활용되는 무선 통신은 전자기파를 이용합니다. 그밖에 적외선이나 가시광선 등을 이용하는 광무선 통신과 음파나 초음파를 이용하는 음향 통신도 있지요. 무선 통신의 원리는 간단합니다. 송신하고자 하는 목소리 등의 신호를 주파수가 높은 고주파와 합성해 전파를 전송하고, 수신자 측에서는 받은 고주파 신호를 분리해 원래의 신호를 뽑아 냅니다.

무선 통신은 이탈리아의 전기 기술자인 굴리엘모 마르코니가 발명했습니다. 재미있는 이야기를 하나 하자면, 마르코니는 전자파를 이용한 통신 실험을 성공적으로 마친 다음 이탈리아 정부에 재정적 지원을 요청했다고 합니다. 그런데 거절당하고 말았지요. 그래서 마르코니는 엔지니어로서 뜻을 펼치기 위해 영국으로 건너가 무선 통신에 관한 특허를 받았습니다. 그리고 영국 정부로부터 적극적인 지원을 받아 여러 차례 실험에 성공한 후 무선 전신 회사를 세워 큰 성공을 거뒀지요. 마르코니를 놓친 이탈리아 정부는 크게 후회하며 특사를 보내 마르코니를 정중하게 초청했고, 이탈리아 시민들은 그가 귀국하던 날 그의 머리에 월계관을 씌어 주었습니다. 대대적인 환영을 받은 마르코니는 이탈리아에도 무신 전신국을 세웠지요.

사실 무선 통신의 특허권은 이미 7년 전에 등록을 마친 테슬라에 있었습니다. 하지만 무선 통신을 실용화했다는 점을 인정해 여전히 마르코니를 무선 통신의 아버지로 부르지요.

무선 통신은 20세기 후반부터 보급된 이동 통신 분야에서 널리 활용하고 있습니다. 이제는 목소리나 텍스트를 통한 간단한 정보 전달을 넘어 영상 및 데이터의 전송까지 가능하지요. 물론 처음부터 휴대 전화가 이렇게 똑똑하지는 않았습니다. 1980년대에 처음 등장한 휴대 전화는 아날로그 방식의 무선 통신을 활용하며 전화만 할 수 있었지요. 그런데도 그 크기가 벽돌만 했습니다. 오죽하면 벽돌폰이라고 불렀을까요?

1990년대에 나온 2세대 이동 통신은 아날로그 음성 신호를 디지털로 바꾸어 전송했습니다. 아날로그 방식이 목소리의 진동에 해당하는 전기 신호를 전달했다면 디지털 방식은 아날로그 신호를 0과 1로 연속하는 이진법 숫자들로 바꿔 전달했습니다. 아날로그 방식에서 구현하지 못하던 것들도 0과 1로 바꾸어 보다 빠르고 정확하게 보낼 수 있었지요. 이때부터 휴대 전화로 문자 메시지를 보낼 수 있게 되었습니다. 참고로 2세대 이동 통신은 세대를 의미하는 영어 단어인 'Generation'의 첫 글자를 따서 2G라고도 불렀습니다.

2000년부터는 3세대 이동 통신(3G)이 도입됐습니다. 무선 인터넷 속도가 빨라지면서 동영상 같은 멀티미디어 파일도 주고받을 수 있게 됐지요. 또한 음성을 전달할 뿐 아니라 다양한 컴퓨터 앱을 사용할 수도 있어 스마트폰이라고 부르기 시작했습니다.

마르코니가 발명한 무선 통신 송신기입니다.
모스 부호를 칠 수 있는 스위치가 같이 달려 있지요.

그리고 2010년대에 출범해 오늘날 우리가 사용하는 4세대 이동 통신(4G)은 2G와 3G에 이어 모바일 인터넷 시대를 열었습니다. LTE 기술을 이용해 IP전화, 게임 서비스, 스트리밍 멀티미디어 등을 제공하고 있지요. 여기에 2019년 우리나라가 세계 최초로 5G를 상용화하여, 현재 4G보다 20배 빠른 5세대 이동통신 서비스를 함께 제공하고 있습니다. 현재 5G기술 덕분에 초고화질 실시간 영상 재생과 VR/AR 기술, 사물인터넷 등 다양한 서비스가 가능해졌어요.

이제 세계 각국은 벌써부터 5G보다 50배 빠른 6G 경쟁에 뛰어들고 있어요. 10년마다 세대 전환이 이루어지는 것을 생각하면 6G 서비스는 2030년경에 실현될 것으로 보입니다. 세대가 전환됨과 동시에 전송속도가 빨라지는 것은 스마트폰으로 대용량 동영상 파일을 빠르게 다운받는 것 이상의 의미를 가집니다. 앞으로 대규모 사물인터넷과 유비쿼터스 서비스가 현실화되기 위해서 빠른 속도는 물론 안정적인 이동통신 기술이 절대적으로 필요합니다.

우리는 전기를 활용한 지 100년 만에 어두운 밤을 밝히는 빛뿐 아니라 놀라운 혜택을 누리고 있습니다. 사람들은 하루 종일 문화의 풍요로움을 누리게 됐고, 전화기와 무선 통신을 통해 시간과 공간의 한계를 초월했습니다. 하지만 지금 우리는 에너지 자원의 고갈 등으로 탈(脫)전기를 꿈꾸고 있습니다. 물론 대체할 에너지 자원이 등장하기 전까지는 전기가 계속 경제 발전의 중요한 원동력으로 사용될 듯하지만요.

03

혁명의 중심이자 변화를 주도하는 컴퓨터와 인터넷

보통 사람들이 빠르게 계산할 수 없는 수들이 있습니다. 일명 파이라고 불리는 π를 예로 들어 보겠습니다. 우리는 원의 둘레와 지름의 비율을 나타내는 수학 기호인 π를 알아야만 원의 넓이를 구할 수 있습니다. 그런데 이 π는 여러분도 알다시피 소수가 무한대로 이어지는 무리수입니다.

$\pi=3.1415926\cdots\cdots$

보통 사람들이 소수점 아래 숫자가 무한대로 이어지는 π를 계산하는 것은 힘든 일입니다. 조 단위 아니, 억 단위만 돼도 숫자를 더하고 빼기 어려워하지요. 그래서 컴퓨터가 등장했습니다. 우리가 지금 만능이라고 생각하는 컴퓨터는 원래 보통 사람이 손쉽게 계산할 수 없는 숫자와 복잡한 수식을 계산하기 위해 나온 계산기랍니다.

최초의 컴퓨터는 암호 계산기에요

인류 역사상 가장 오래된 계산 도구는 주판입니다. 메소포타미아에서 발명한 것으로 알려져 있지요. 주판은 고대 중국에서도 널리 사용했으며 우리나라에는 윗알 1개, 아래알 4개로 개량한 것이 일본을 통해 전래되었습니다. 이 주판은 컴퓨터가 도입되기 전 1990년대까지도 은행이나 가게에서 널리 사용했습니다. 여러분의 부모님이나 이모, 삼촌들 세대에 상업고등학교를 나온 사람이라면 주판을 이용하는 계산 방식인 주산을 필수로 배워야 했지요.

한편 서양에서는 17세기 프랑스 철학자이자 수학자인 블레즈 파스칼이 톱니바퀴를 이용해 덧셈과 뺄셈을 하는 기계식 계산기를 처음으로 고안했습니다. 이후 독일의 고트프리트 라이프니츠가 이것을 발전시켜 곱셈과 나눗셈이 가능한 계산기인 라이프니츠 휠을 발명했지요. 라이프니츠는 엔지니어기 이전에 디지털 컴퓨터의 기반이 되는 이진법 체계를 정립한 수학자이자 철학자였답니다.

오늘날의 컴퓨터 모델을 제시한 사람은 영국의 수학자 앨런 튜링입니다. 튜링은 알고리즘과 계산에 관한 이론적 기초를 제공했고 튜링 기계라는 수학 개념을 고안했습니다. 또 제2차 세계 대전 중 독일군의 암호를 계산하는 기계인 튜링 봄베를 만들어 독일의 공격 계획을 간파하고 수많은 사람의 목숨을 구했지요. 이 튜링 봄베가 바로 세계 최초의 컴퓨터랍니다. 이런 점 때문에 튜링은 컴퓨터과학과 인공 지능 분야에 지대한 공헌을 했다고 평가받고 있으며 오늘날 컴퓨터의 아버지로도 불립니다.

하지만 튜링은 전쟁이 끝난 후 영국에서 동성애 혐의로 경찰에 체포되어 유죄 판결을 받았습니다. 당시에는 동성애가 법으로 금지되어 있었기 때문입니다. 결국 그는 화학적 거세를 받은 후 자신의 처지를 비관하다가 청산가리를 넣은 사과를 한입 베어 먹고 자살하고 말았습니다. 참고로 아이폰을 제조한 애플의 로고가 바로 이 비운의 수학자가 먹은 사과를 본떴다는 해석도 있습니다. 이렇게 보면 사과는 뉴턴의 사과에서 시작해 튜링의 사과 그리고 잡스의 사과까지 과학 기술과 관련이 많은 것 같네요.

최초의 상업용 컴퓨터는 미국에서 개발한 에니악(ENIAC)이라는 컴퓨터입니다. 1946년에 출시된 에니악은 1만 8000개의 진공관을 포함해 수천 개의 부품으로 이루어진 기계로, 무게가 30톤에 이르렀으며 전력 소모도 150킬로와트였습니다. 당시 신문들은 이 기계가 초당 5000번

튜링 봄베를 재현한 기계입니다.
튜링의 암호 해독반은 이 기계를 활용해 연합군에 불리하던
제2차 세계 대전의 전세를 역전시켰지요.

의 연산을 할 수 있어 인류에게 커다란 가능성을 열어 준다고 소개했습니다. 물론 여러분은 지금 그보다 약 1만 배 이상 빠른 스마트폰을 주머니에 넣고 다니지만요.

에니악의 부품으로 사용한 진공관은 깨지기 쉽고 열이 많이 발생해 화재가 자주 일어났습니다. 트랜지스터가 개발되어 진공관을 대체하면서 부피를 많이 줄일 수 있었지만 사용하는 부품의 수는 그대로여서 전기 회로는 여전히 복잡했지요. 이후 전기 회로와 반도체 소자를 하나의 칩에 모아 구현한 집적 회로가 발명되고 나서야 컴퓨터의 부피는 획기적으로 줄고 회로도 단순해졌습니다. 반면에 집적 회로 내 하나의 칩에 들어가는 전자 부품 수는 많아지고 복잡해졌지요. 진공관→트랜지스터→IC(집적 회로)→LSI(고밀도 집적 회로)로 발전하면서 컴퓨터는 오늘날과 같이 점점 소형화되고 고성능화될 수 있었습니다. 컴퓨터뿐만 아니라 라디오나 스마트폰 등도 이와 같은 기술의 발달로 오늘날처럼 주머니에 넣고 다닐 수 있는 크기가 되었지요.

트랜지스터

반도체를 이용해 전류나 전압을 증폭하거나 조절하는 역할을 합니다. 진공관은 부피가 크고 제조하는 데 많은 자원과 에너지가 소모되지만, 트랜지스터는 저렴한 가격에 가볍고 소비 전력이 낮아 점차 라디오 및 컴퓨터의 진공관을 대체해 나갔지요.

언제부터 일반 사람들도 컴퓨터를 가질 수 있었을까요?

스티브 워즈니악은 고등학생 때부터 누구나 컴퓨터를 쉽게 구입하고 집에서 컴퓨터로 게임할 수 있게 되기를 꿈꾸었습니다. 당시만 해도 개인용 컴퓨터는 상상도 할 수 없었습니다. 당시의 컴퓨터는 워낙 크고 복잡한 기계라서 가격도 비싸고 유지 관리가 어려워 여러 사람이 공동으로 사용하는 것을 당연하게 생각했기 때문입니다. 게다가 엔지니어를 제외한 보통 사람이 굳이 컴퓨터를 개인용으로 소유할 필요도 없었습니다. 집에서 컴퓨터로 계산할 일은 거의 없었으니까요. 컴퓨터와 같은 전문 계산기는 대학이나 연구 기관 등에서나 사용했지요.

워즈니악은 버클리 대학에서 컴퓨터공학을 공부하다가 중퇴한 후, 미국의 다국적 컴퓨터 정보 기술 업체인 휴렛팩커드에 입사했습니다. 그리고 그곳에서 자신과 같은 생각을 하고 있던 스티브 잡스를 만나 함께 애플이라는 조그만 회사를 창업했지요.

워즈니악은 회사 운영은 잡스에게 맡기고 기술 개발에만 전념했습니다. 그리고 현재 우리가 사용하는 '모니터가 달린 컴퓨터'를 발명했습니다. 1977년에는 애플 II도 출시했지요. 애플 II는 고해상도 그래픽이 내장된 컬러 화면과 사운드 시스템이 탑재된 혁신적인 장치로, 바로 워즈니악이 고등학교 때부터 꿈꾼 '누구나 집에서 쉽게 게임할 수 있는 컴퓨터'였습니다.

한편 대형 사무용 컴퓨터를 만들던 IBM에서도 소형 컴퓨터의 필요성을 인식하고 1980년에 개인용 컴퓨터 IBM-PC를 내놓았습니다. 여기 사용된 컴퓨터 운영체제는 빌 게이츠와 폴 앨런이 공동창업한 마이크로소프트의 MS-DOS였지요. IBM은 불필요한 주변 기기들을 축소하는 방향으로 컴퓨터의 크기를 줄여 나갔습니다. 칩의 성능과 크기를 축소하고 플로피 디스크라는 소형 저장 장치를 개발해 책상 위에 올릴 수 있는 컴퓨터를 개발했지요. 반면에 애플은 주변 기기들을 하나씩 추가해 나갔습니다. 모토롤라에서 개발한 6800 마이크로 프로세서를 기본으로 메모리를 더하고 TV 모니터를 붙여 나가는 방향으로 개인용 컴퓨터를 만들었습니다. 결과적으로는 두 회사의 컴퓨터 모두 비슷한 모양이 되었지만 설계 개념은 완전히 달랐지요.

두 회사는 사업 방침도 확연히 달랐습니다. IBM은 로열티를 받지 않고 IBM-PC의 내부를 공개했습니다. 다른 회사들이 호환되는 컴퓨터 장치와 주변 기기를 개발할 수 있도록 말이지요. 덕분에 IBM의 컴퓨터 기술이 널리 보급되면서 각종 호환 하드웨어와 소프트웨어가 쏟아져 나왔습니다. 반면에 애플은 하드웨어를 공개하지 않고 자사에서 만든 주변 기기만 사용하도록 했습니다. 하드웨어뿐 아니라 소프트웨어도 제3자가 만들 수 없었습니다. 그래서 애플 제품은 고가지만 작은 커넥터부터 소프트웨어에 이르기까지 모든 것이 군더더기 없이 깔끔하고 거의 완벽하게 작동합니다.

애플Ⅱ(上)와 IBM-PC(下)예요.
두 회사의 컴퓨터 모두 비슷한 모양이기는 하지만
설계 개념은 완전히 다르지요.

세상의 모든 컴퓨터를 연결하는 매개체, 인터넷

오늘날 컴퓨터는 단순한 계산기로만 쓰이지 않습니다. 문서를 작성하는 사무기기, 동영상을 편집하는 멀티미디어 기기, 기계 장치를 제어하는 제어 기기, 심지어 게임기로도 사용되지요. 이 밖에도 자료를 검색하고, 책을 읽고, 친구와 이야기하고, 물건을 사고팔고, 은행 업무를 보고, 음악을 듣고, 영화를 보는 등 많은 일이 컴퓨터로 이뤄지고 있습니다. 그런데 이 모든 것은 컴퓨터라는 기계 자체가 발달해 일어난 결과가 아닙니다. 하나의 컴퓨터를 세상의 다른 컴퓨터들과 연결하는 인터넷 덕분이지요.

인터넷은 TCP/IP라는 통신 규약(프로토콜)으로 연결된 컴퓨터들끼리 정보를 주고받는 네트워크를 말합니다. 무선 인터넷이 보급되면서 휴대 전화와 같은 모바일 기기를 이용해 언제 어디서나 인터넷에 접속할 수 있게 되었고, 현재 세계 인구 80억 명 중 3분의 2 이상이 사용할 정

통신 규약(프로토콜)

기기 사이에 일어나는 정보 교환을 원활하게 하기 위해 미리 정한 통신 규칙과 방법을 말합니다. 상호 간의 접속이나 전달 방식, 통신 방식, 주고받을 자료의 형식, 오류 검출 방식, 코드 변환 방식, 전송 속도 등이 이에 해당하지요.

도로 보편화되어 있지요.

인터넷의 시초는 미국 국방부 산하 고등연구국의 연구용 네트워크(ARPANET)입니다. 그리고 최초의 인터넷 연결은 1969년에 UCLA 대학과 스탠포드 연구소 사이에서 이루어졌지요. 한쪽 컴퓨터에서 보낸 데이터를 560킬로미터 떨어져 있는 다른 컴퓨터에서 받은 것입니다. 당초 보낸 메시지는 'HELLO'였습니다. 하지만 컴퓨터에 문제가 생겨 다시 접속하느라 마지막 두 글자인 'L'과 'O'만 받을 수 있었다고 합니다. 당시 밤늦게 장난처럼 메시지를 주고받은 대학원생과 연구원들은 이것이 인류가 달에 첫발을 디딘 것 이상의 역사적 사건이 되리라고는 전혀 예상하지 못했습니다.

통신을 하려면 통신 규약이 필요합니다. 인터넷에서 사용하고 있는 표준 통신 규약 TCP/IP가 정해진 것은 1973년이었습니다. 이후 컴퓨터의 그래픽 환경이 개선되고 월드 와이드 웹(www)이 등장하면서 인터넷은 더욱 급속하게 전파됐지요. 1993년에 출시된 모자이크라는 전설

모자이크

최초의 인터넷 브라우저인 월드 와이드 웹은 텍스트 정보만 표시할 수 있었습니다. 여기에 사진 등의 그래픽 데이터를 추가해 일반 사람들도 쉽게 사용할 수 있도록 만든 것이 바로 모자이크입니다. 즉 오늘날의 인터넷 창과 가장 가까운 형태였지요.

적인 인터넷 브라우저 또한 사용자가 폭발적으로 증가하는 데 영향을 끼쳤습니다.

네트워크는 여러 개의 지점(노드)을 연결하는 링크로 구성됩니다. 따라서 두 컴퓨터를 연결하면 두 개의 노드와 한 개의 링크가 생기지요. 노드가 많지 않은 단순한 네트워크는 1대 1 통신을 모아 놓은 것에 불과합니다. 하지만 노드 수가 많아지면 링크 구조에 따라 네트워크 형태가 다양해 독특한 특성이 나타납니다. 한 노드를 중심으로 사방으로 뻗어 나가는 방사상 구조, 일렬로 늘어선 구조, 원형 구조, 격자 구조 등 여러 가지 형태가 생기지요. 현재 인터넷은 허브를 중심으로 하는 방사상 구조가 기본입니다. 그 안에는 작은 허브들을 중심으로 또 다른 방사상 구조들이 형성되어 있지요.

앞으로 인터넷 속도가 더욱 빨라지면 현재 우리가 사용하는 단말기나 컴퓨터 외에도 모든 사물이 인터넷에 접속할 수 있게 됩니다. 그러면 실시간으로 사물들과 소통하는 사물 인터넷 시대가 열릴 테고 우리는 상상하기 어려울 정도의 커다란 변화를 맞이할 것입니다.

지금 전 세계는 여러 개의 허브를 중심으로 하는
복잡한 방사상 구조의 인터넷으로 연결되어 있습니다.

04

인간의 지능에 도전하는 인공 지능

인류는 오래전부터 사람처럼 생각하는 기계를 상상해 왔어요. 그리스 신화에 나오는 탈로스는 대장장이 신 헤파이스토스가 만든 청동 거인입니다. 생각할 수 있고 행동할 수 있는 지능형 로봇을 상상한 것이지요.

그런가 하면 18세기 오스트리아에는 '미캐니컬 터크(Mechanical Turk)'라는 인형이 있었어요. 체스를 두는 인형입니다. 머리에 터번을 두른 인형이 자동으로 팔을 움직여 체스를 두는데, 그 실력은 수준급이었다고 합니다. 커다란 인형 속을 아무리 뒤져봐도, 아무 것도 찾을 수 없었어요. 신기한 움직임과 체스 실력 덕분에 미캐니컬 터크는 한동안 세계 각지를 돌며 큰 인기를 누렸지요. 심지어 나폴레옹도 미캐니컬 터크와

18세기 오스트리아에 있었던 체스를 두는 인형 미캐니컬 터크는
신기한 움직임과 수준급의 뛰어난 체스 실력 덕에
세계 각지를 돌며 큰 인기를 누렸습니다.

체스 대결을 하기 위해 직접 대면한 적이 있었습니다. 한참 후에 밝혀졌는데, 실제로는 복잡한 태엽과 기어장치 내부에 사람이 교묘하게 숨어 있었다고 합니다.

사람인지 기계인지 판별하는 튜링테스트

속임수나 상상이 아니라 진짜로 기계가 사람과 유사한 수준의 사고 능력을 가질 수 있을까요. 이 질문을 처음 던진 사람은 바로 앨런 튜링이었습니다. 그는 기계가 사람처럼 생각할 수 있는지 판단하기 위한 튜링 테스트라는 것을 개발했어요. 컴퓨터와 대화를 통해 상대방이 사람인지 기계인지를 판별하는 테스트지요. 만약 사람과 구별이 안 되고 튜링 테스트를 통과한다면, 그 기계는 지능이 있는 것으로 간주했습니다.

인공 지능(artificial intellgence)이란 용어는 1956년 미국의 컴퓨터 과학자이자 수학자인 존 메카시 교수가 처음 사용했어요. 처음에는 추론과 탐색을 위한 목적으로 인공 지능을 연구하기 시작했지만, 한동안 이렇다 할 성과를 얻지 못했어요.

그러다가 1980년대에 이르러 컴퓨터가 널리 보급되면서 다시 인공 지능이 주목받기 시작했어요. 당시는 이른바 전문가 시스템(expert system)이라는 것을 구축하기 위해 연구가 주로 이루어졌어요. 전문가 시스템이란 특정 분야의 전문지식과 경험을 정리해서 규칙을 컴퓨터에 입력해 놓은 일종의 데이터베이스입니다. 이를 통해 실용적인 문제 해결이나 의사 결정을 지원할 수 있지요. 예를 들어 화학분석을 통해 화합물의 구조를 결정하는 문제, 또는 감염성 질병의 진단과 치료 계획을 수립하는 문제 등에 전문가 시스템은 성공적으로 활용될 수 있었어요. 그런가 하면, 1996년 세계 체스 챔피언과 슈퍼 컴퓨터 사이에 인간 두뇌와 인공 두뇌의 자존심을 건 세기의 체스 대결이 있었는데요, 이때 등장한 IBM의 딥블루(Deep Blue)가 체스 경기에 특화된 전문가 시스템이었습니다.

하지만 전문가 시스템은 많은 한계를 가지고 있었습니다. 해당 분야의 전문가를 모아 지식을 수집하는 데 많은 시간과 비용이 들었고, 수집된 지식으로부터 규칙을 뽑아내는 것도 쉽지 않았지요. 또 저장된 데이터베이스에 전적으로 의존해서 문제를 해결해야 하기 때문에 결과를 검증하고 유효성을 입증하기 어려웠습니다. 이러한 한계로 인해 전문가 시스템은 특수한 몇개 분야를 제외하고는 크게 활성화되지 못했습니다.

이후 인공 지능은 산업 현장에서 다양한 작업을 자동화하고 최적화하는 등 실용적인 측면에서 발전했습니다. 예를 들어 머신러닝(machine learning)이라는 기계학습 알고리즘을 써서 생산라인에서 발생하는 데이터를 분석하고 공정 상태를 파악할 수 있었습니다. 또 이미지 분석기술을 통해 이상 상황을 감지하거나 불량 제품을 선별하고, 로봇 기술을 써서 자동화된 운반 및 조립 작업을 수행하는 등의 응용이 이루어졌습니다.

인공신경망을 이용한 딥러닝의 등장

기계학습 기법 중에서 인공신경망을 여러 계층으로 만들어 확장시킨 것을 딥러닝(deep learning)이라 합니다. 우리말로 심층학습이라고 하지요. 인공신경망은 사람의 뇌 신경세포의 신호전달 체계를 모방한 수학 모델입니다. 복잡한 인공신경망 구조를 가진 딥러닝의 개념은 이미 오래전에 제안되었으나, 한동안 주목을 받지 못하다가 2000년 이후에 빠르게 발전합니다. 컴퓨터 하드웨어의 연산속도가 눈에 띄게 빨라졌고, 기계를 학습시킬 데이터가 어마어마하게 인터넷에 축적된 덕분이지요.

최초의 의미 있는 결과는 2012년 스탠퍼드대학교에서 수행한 딥러닝 프로젝트에서 만들어졌어요. 유튜브에 올라와 있는 천만 개가 넘는 영상 자료를 입력해서 많은 수의 계층으로 이루어진 인공신경망을 학습시킨 것입니다. 신경망 구조가 복잡하고 학습 데이터가 많아서 계산량이 엄청나게 많았지만, 정작 해결한 문제는 어이없게도 고양이를 인식하는 간단한 문제였지요.

이런 것을 모라벨의 역설(Moravec's Paradox)이라 합니다. '인간에게 쉬운 일은 컴퓨터에게 어렵고, 반대로 인간에게 어려운 일은 컴퓨터에게 쉽다'는 말이지요. 사진을 보고 고양이가 맞으면 1, 고양이가 아니면 0을 출력하는, 그야말로 어린이도 쉽게 풀 수 있는 그런 문제였어요. 결과는 대성공이었습니다. 컴퓨터에게 어렵다고 알려진 일을 딥러닝 기술을 써서 잘 처리할 수 있었으니까요.

이전까지만 해도 고양이를 인식하기 위해서 고양이 특성을 상세하게 입력해야 했지요. 다리가 4개이고, 눈은 갸름하고 귀는 뾰족하며, 수염이 있어야 하는 등 여러 가지 규칙을 미리 넣어줍니다. 하지만 사진을 인식하는 과정에서 다리 네 개 중 하나라도 안 보이면 고양이로 인식하지 못하거나, 귀가 뾰족한 강아지를 고양이로 인식하는 등 오류가 상당히 많았어요. 이런저런 경우에 대비해서 여러 규칙과 경우의 수를 계속 추가했지만, 성능은 크게 개선되지 않았어요.

이에 비해 인공신경망에 기반한 딥러닝은 따로 규칙을 넣어줄 필요 없이 여러 장의 사진을 보여주고 학습시키기만 하면, 스스로 규칙을 찾아 고양이인지 아닌지를 판별할 수 있지요. 어린 아이가 고양이를 학습하는 방식과 같은 방식이에요. 사진을 보면서 고양이라고 몇 번 가르쳐주면, 스스로 깨우쳐서 고양이와 고양이가 아닌 것을 구별할 수 있게 됩니다.

미국에서는 매년 이미지 분석 SW의 성능을 겨루는 글로벌 경진대회가 열립니다. 2012년에는 딥러닝을 채용한 알렉스넷(AlexNet)이 역대

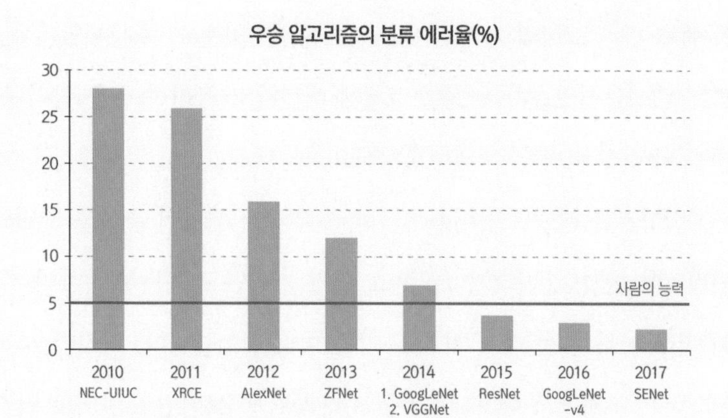

〈이미지 분석 경진대회〉 우승팀의 에러율 감소 추이

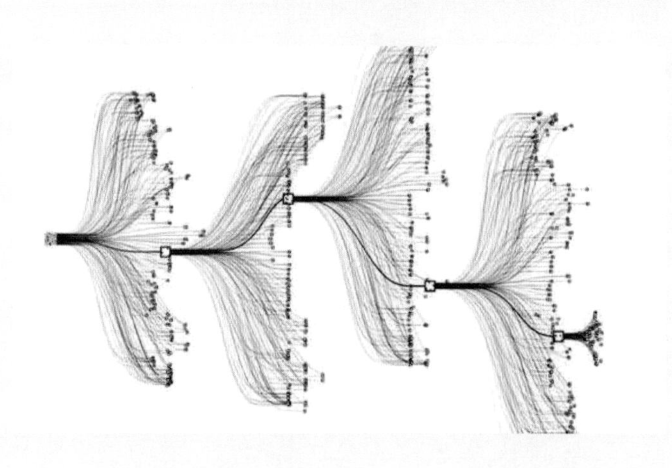

알파고의 다층 인공신경망 구조

참가자들과 비교했을 때 월등한 성능으로 우승을 차지했습니다. 이것은 인공 지능 역사상 엄청난 사건이었지요. 이를 계기로 딥러닝은 인공 지능의 대세로 자리 잡게 됩니다. 이후 경진대회에서는 에러율이 5퍼센트 밑으로 내려가면서 사람의 인식 능력을 앞지르기 시작했어요. 그러자 대회를 더 이상 지속할 필요를 느끼지 못하고 2017년을 마지막으로 중단하게 됩니다. 딥러닝이 널리 확산되기 시작한 지 불과 몇 년 내에 일어난 일이었습니다.

인공 지능도 사람처럼 지도학습과 자율학습을 해요

딥러닝 기술은 2012년 알렉스넷을 시작으로 2016년 알파고와 이세돌과의 바둑 대결까지 꾸준히 발전해 왔습니다. 현재 우리가 생활 속에서 사용하는 스마트폰 얼굴 인식, 지문 인식, 외국어 번역, 스팸 메일 분류, 차량 번호판 인식 등이 거의 모두 딥러닝에 기반하고 있다고 볼 수 있습니다. AI 스피커나 스마트폰처럼 전용 AI 기기가 따로 있는가 하면, 청소기나 냉장고처럼 각종 가전제품에 AI 기능이 내장되어 있는 경우도 많습니다. 그밖에도 게임, 자율주행, 의료진단, 주가예측 등 다방면에서 널리 활용되고 있습니다.

인공 지능을 개발하기 위해서 주어진 데이터로 학습시키는데, 여기에는 지도학습과 비지도학습이 있습니다. 자료를 보여주면서 정답을 가르쳐 주는 학습방법을 지도학습이라 합니다. 사진에서 사람 얼굴을 인식하거나 메일에서 스팸을 찾아내는 데 활용되지요. 그런가 하면 정답을 가르쳐 주지 않고 컴퓨터가 스스로 자료들 중에서 서로 비슷한 것끼리 모으거나 연관된 것을 찾아내도록 하는 방법을 비지도학습 또는 자율학습이라고 합니다. 우리가 수업시간에 공부할 때를 떠올리면 이해하기 쉽습니다. 선생님에게 설명과 함께 정답을 배우는 것이 지도학습이고, 모르는 것을 집에서 혼자 공부하는 것을 자율학습이라고 하지요.

강화학습은 시행착오의 경험을 통해서 배우는 것을 말합니다. 어떤 행동을 할 때마다 보상이나 벌칙을 줘서 원하는 행동을 하도록 유도하는 학습방법입니다. 컴퓨터에게 자율주행이나 주식투자 또는 각종 게임을 학습시킬 때 사용됩니다. 동물을 훈련시킬 때, 원하는 행동을 하면 먹이를 주고 원하지 않는 행동을 하면 체벌을 주는 것과 같습니다. 처음에는 시행착오를 거치지만 차츰 원하는 방향으로 유도할 수 있습니다.

창작활동이 가능한 생성형 인공 지능

2022년 말에는 새로운 인공 지능이 세상에 등장했습니다. 오픈AI에서 내놓은 챗GPT입니다. GPT(Generative Pretrained Transformer)는 사전

학습된 생성형 트랜스포머란 뜻입니다. 사람처럼 자연스럽게 대화할 수 있는 대규모 인공 지능 언어모델입니다.

기존의 AI와 차이는 단순히 자료를 인식하거나 분석하는 데 그치지 않고, 새로운 콘텐츠를 생성해 낼 수 있다는 점입니다. 사용자의 의도를 이해하고 주어진 데이터로 학습하여 텍스트뿐 아니라 음성, 이미지, 동영상 등 새로운 콘텐츠를 생성해 냅니다. 그뿐인가요. 생성형 AI는 수학, 읽기, 쓰기 시험에서 우수한 성적을 내고 있습니다. 심지어 미국의 변호사 시험 등 어려운 시험을 무난하게 통과할 정도입니다.

사람들은 생성형 AI의 무궁무진한 가능성에 매료되기 시작했습니다. 자신의 정보를 넣어 주면 자기소개서를 멋지게 작성해 주고, 영어로 작성한 편지를 넣어주면 틀린 문법을 고쳐 주고 문장을 매끈하게 수정해 줍니다. 그림을 대신 그려주고, 작곡을 해주고, 컴퓨터 프로그램을 작성하고, 심지어 영화까지 제작해줍니다. 점차 텍스트, 이미지, 비디오, 3D 등 여러 형태의 자료를 통합해서 인식하거나 생성하는 멀티플 모달리티(multiple modality)가 가능하도록 진화하고 있습니다.

생성형 AI는 무궁무진한 가능성을 보이며 사람들을 환호하게 했지만, 한편으로 많은 생각을 하게 합니다. 이걸 잘 쓰면 일하고 공부하는 데 많은 도움을 받을 수 있을 것이라는 기대와 함께, 앞으로 내가 할 일자리가 사라지는 것은 아닌지 걱정을 갖게 합니다. 선생님들 입장에서는 다른 측면에서 고민을 하고 있습니다. 학생들이 시험볼 때나 숙제할

2022년 오픈AI에서 내놓은 챗GPT가 세상을 놀라게 했습니다.
사람과 자연스럽게 대화를 나눌 수 있는 대규모 인공지능 언어모델로,
기존의 AI와 달리 주어진 데이터로 학습해
음성, 이미지, 동영상 등 새로운 콘텐츠를 생성해낼 수 있습니다.

때 챗GPT를 쓰지 못하게 할 것인가, 아니면 적극적으로 쓰게 할 것인가 하는 문제입니다. 새로운 기계가 등장할 때마다 생기는 고민입니다.

오래전 일이지만, 공과대학에 들어와서 처음으로 전공 시험을 보는데, 전자계산기를 쓰지 못하게 한 적이 있었습니다. 당시 슬라이드 룰(slide rule)이라고 하는 계산척이나 주판을 사용해야 했습니다. 전자계산기를 쓰면 학생들의 계산 능력을 약화시킬 것이라는 우려 때문이었습니다. 지금은 전자계산기를 못 쓰게 하는 선생님은 안 계시지만, 아직도 시험볼 때 컴퓨터나 스마트폰의 사용은 제한되고 있습니다. 교육방식이나 평가방식이 새로운 형태로 변화하지 못했기 때문이지요.

컴퓨터나 인터넷이 특정 전공자의 전유물이 아니라 모든 사람이 사용하는 도구인 것처럼, 인공 지능 역시 모든 전공자가 사용하는 도구가 될 것입니다. 인공 지능 전공자는 인공 지능 알고리즘을 개발하고 더욱 강력한 도구를 개발하는 것이라면, 일반 공학 전공자들은 인공 지능을 자신의 전공에 어떻게 적용할 것인가를 고민해야 합니다. 즉 컴퓨터 다루듯 누구나 인공 지능을 쓸 것이라는 얘기입니다.

생성형 AI을 개발하는 것은 어렵겠지만, 활용은 조금만 익숙해지면 쉽게 할 수 있습니다. 컴퓨터나 인터넷, 스마트폰처럼 낯설고 복잡한 기계도 사람들은 쉽게 적응해 왔습니다. 생성형 AI도 마찬가지입니다. 피할 수 없는 미래라면 남들보다 한발 빠르게 작동 원리와 잠재력을 이해하고 어떻게 활용할지를 고민해야 할 것입니다.

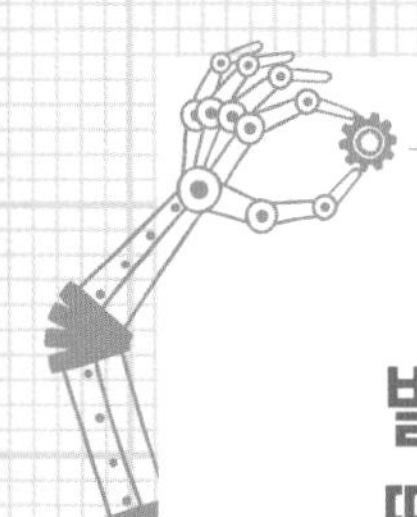

발명과 떼려야 뗄 수 없는 관계, 특허

특허 신청 방법

앞에서 말한 벨과 그레이의 이야기를 기억하나요? 특허 신청으로 두 사람의 운명은 달라졌습니다. 단 두 시간 차이로 말이지요. 저는 이 책을 읽는 여러분도 위대한 발명을 할 잠재력이 있다고 생각합니다. 공대생들 중에는 가슴속에 항상 발명의 꿈을 안고 살아가면서 발명이라는 말만 들어도 가슴이 뛰는 사람들이 많지요. 내가 만든 발명품을 통해 사람들의 생활이 편리해지고, 삶이 바뀐다고 생각해 보세요. 가슴이 두근두근하지 않나요?

이때 여러분의 꿈과 창의력을 보호해 주는 최적의 수단은 특허입니다. 아무리 위대한 엔지니어도 법 없이는 자신의 기발한 생각을 보호받지 못하지요. 그렇기 때문에 발명을 꿈꾸는 사람이라면 특허에 대해 좀 더 관심을 갖고 구체적으로 알아 둘 필요가 있습니다.

지식 재산권

지식 재산은 발명이나 저술과 같이 인간의 창조적인 활동으로 만들어진 무형의 재산을 말합니다. 그런데 지식 재산은 일종의 아이디어로, 실체가 없기 때문에 다른 사람이 쉽게 가져가거나 그대로 따라 하기 쉽습니다. 흔히들 사용하는 USB 메모리 자체는 유형 재산이지만 그 안에 들어 있는 자료는 무형 재산입니다. 또 종이로 된 책은 유형의 가치를 갖지만 책에 들어 있는 내용은 무형의 가치를 갖지요.

요즘에는 실체가 있는 유형 재산보다 눈에 보이지 않는 지식 재산이 더 중요해지고 있습니다. 실물인 USB나 책보다 그 안에 들어 있는 아이디어나 데이터가 더 높은 가치를 갖는 경우가 많지요. 실제로 애플이라는 회사의 가치를 보면 지식 재산이 90퍼센트를 넘게 차지합니다. 삼성전자와 애플이 심심찮게 하는 특허 소송은 비용만 해도 천문학적 규모에 이릅니다. 세계적인 기업들의 자산 가치가 지식 재산에 있다고 해도 틀린 말이 아니지요. 그만큼 특허 기술의 가치가 중요하다는 이야기입니다. 그래서 각 나라에서는 아이디어나 기술의 경제적인 가치를 재산으로 인정하고 보호하고자 지식 재산권 제도를 만들었습니다. 여기에는 특허뿐 아니라 상표나 디자인 또는 저작권 등도 포함됩니다.

특허 제도는 1474년 이탈리아 베니스에서 생겼습니다. 발명가의 아이디어를 보호하면 개인뿐 아니라 국가 전체의 경제 성장에 도움이 된다는 인식이 퍼지던 시기였지요. 이후 특허법은 영국을 비롯한 선진국을 중심으로 발전했습니다. 특히 미국은 '태양 아래 모든 창작물은 법적으로 보호를 받는다.'는 정신으로 특허를 중시하는 대표적인 나라입니다. 특허와 상표 및 저작권을 헌법에도 명문화시켰지요.

트리즈(TRIZ)

그러면 어떻게 해야 발명을 할 수 있을까요? 발명을 하기 위한 구체적인 방법은 없을까요? 1960년대에 구소련의 해군이던 겐리히 알츠슐러는 발명을 어떻게 할 수 있는지 궁금했습니다. 그래서 무려 10년에 걸쳐 전 세계의 특허 200만 건 중 창의적인 특허 4만 건을 뽑아 조사했지요. 놀랍게도 그 수만 건의 특허들은 모두 몇 가지 공통적인 법칙을 가지고 있었습니다. 그리고 알츠슐러는 이 법칙들을 바탕으로 창의적 문제 해결 방법론인 트리즈 기법을 고안해 냈지요.

알츠슐러는 모든 발명이 시작된 원인에는 적어도 한 개 이상의 모순이 있다는 것을 알아냈습니다. 즉 모든 발명은 그러한 모순을 찾아내고 해결함으로써 탄생했지요. 본래 모순이란 서로 상충되어 이러지도 못하고 저러지도 못하는 상황을 말합니다. 즉 어떤 특성을 개선하려고 하면 다른 특성이 악화되는 상황을 말하지요. 예를 들어 자동차의 가속 성능을 높이면 연료가 빨리 닳는 기술적 모순이 발생하고, 스마트폰 화면을 크게 만들면 가지고 다니기에 불편한 물리적 모순이 발생하는 것처럼요.

알츠슐러는 이러한 모순들을 해결하기 위해 여러 가지 발명 원리를 제시했습니다. 그중 물리적 모순에 대해서는 '전체와 부분의 분리' '시간에 의한 분리' '공간에 의한 분리'를 제시했습니다. 노인용 안경을 만드는 경우를 생각해 봅시다. 안경 도수를 가까운 곳에 맞추면 먼 것이 잘 안 보이고, 반대로 먼 곳에 맞추면 가까운 것이 잘 안 보입니다. 먼 것과 가까운 것 모두 잘 보여야 하는데 말이지요. 이 경우, 다초점 렌즈로 안경 아래 위의 도수를 다르게 하면 먼 것과 가까운 것 모두 잘 보이게 할 수 있습니다. 이것이 바로 공간에 의한 분리입니다. 그런가 하면 두 개의 도수를 번갈아 쓸 수 있도록 고안하는 방법도 있습니다. 안경 위에 다른 안경을 접고 펼 수 있는 시간에 의한 분리랍니다.

특허 출원

자, 창의적인 발명을 했다면 특허를 신청해야겠죠? 특허를 신청하려면 우선 특허 검색 서비스를 통해 자신이 신청하고자 하는 발명품 또는 아이디어가 이미 등록되어 있는지 확인해야 합니다. 중복되는 특허가 없으면 특허 출원서를 작성해 특허청에 제출하면 되지요.

특허 출원은 인터넷으로도 가능합니다. 이때 특허 출원서에 특허의 핵심 내용을 적어야 하는데, 기존 기술 및 제품과의 차이점을 중심으로 기존의 문제를 어떻게 해결했는지 도면과 함께 작성합니다.

사전 조사 → 특허 출원 → 특허 심사 → 등록

요즘은 대학생들의 특허 출원을 권장하기 위해 출원료와 등록비를 면제해 주는 제도가 있습니다. 도움이 필요한 경우, 변리사들이 무료로 도와주기도 하지요.

산업 혁명이 진행 중이던 19세기 말에는 발명품이 쏟아져 나왔습니다. 증기 기관을 이용한 기계, 전기와 관련된 발명품 등 다양한 발명품이 등장했지요. 오죽하면 미국 특허청장으로 임명된 홀란드 듀엘이 "나올 만한 발명품은 이미 다 나왔기 때문에 더 이상 새로 나올 것이 없다."라고 하면서 당시 대통령에게 할 일이 없어질 특허청을 머지않아 폐쇄해야 할 거라고 주장했겠어요? 하지만 그 말이 무색하게도 20세기에 나온 발명품은 그 이전에 나온 발명품보다 훨씬 많았습니다.

석유와 같은 천연자원은 언젠가 고갈됩니다. 하지만 아이디어 자원은 절대로 고갈되지 않습니다. 늘면 늘었지 줄지는 않을 것입니다. 그러니 듀엘처럼 걱정하지 말고 자기 안에 있는 엉뚱함과 발명 욕구를 끊임없이 자극하길 바랍니다.

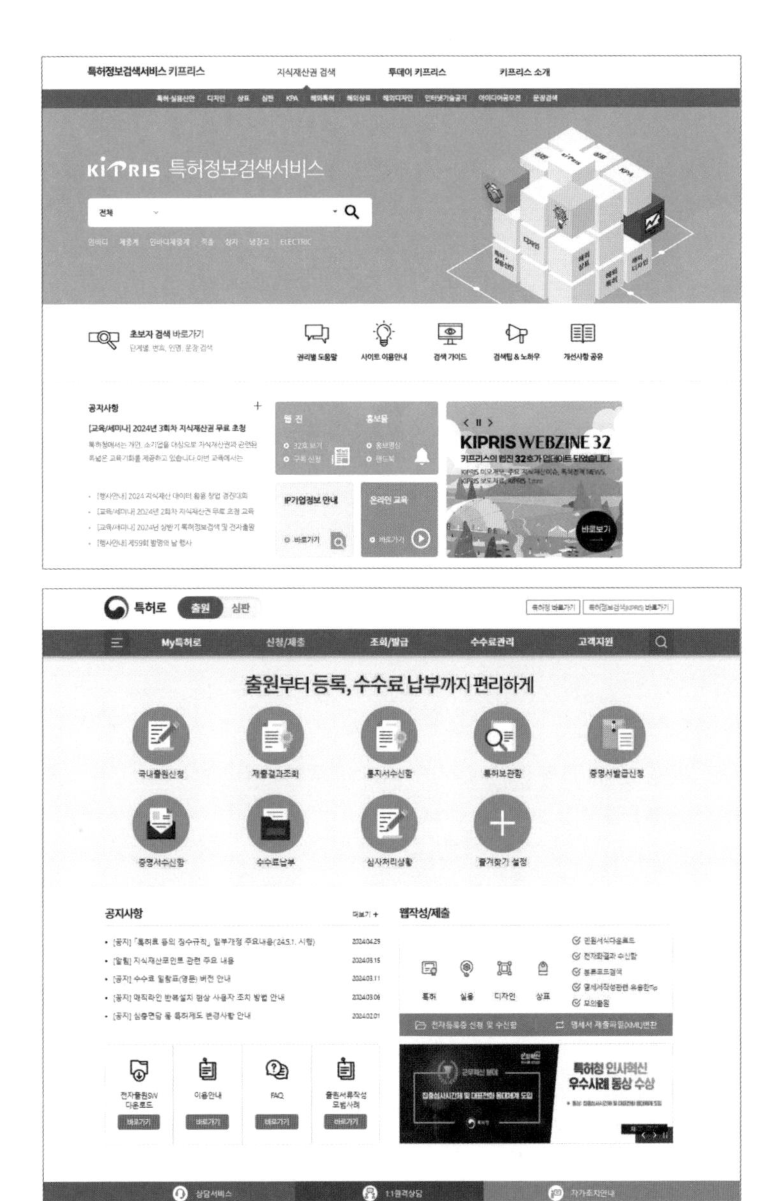

• 특허 정보 검색 서비스 키프리스(KIPRIS)(上) | 온라인으로 특허 출원 가능한 특허로(下) •

1M3FT

공학은 이렇게 미래를 만들어 가고 있어요

공학은 다른 학문과 달리 시대에 따라 빠르게 변화합니다. 산업과 직접적으로 연결되어 있기 때문이지요. 기계공학은 기계 공업과 연관되고, 전자공학은 전자 산업과 연관되며, 토목공학이나 건축공학은 건설 산업과 밀접하게 연관됩니다. 오늘날에는 과거 산업 시대에 상상할 수도 없던 인공 지능, 로봇 등이 주력 산업 분야로 떠오르고 있잖아요? 여기서는 우리나라 산업 발달의 흐름과 함께 공학이 어떻게 변화했고, 앞으로 어떤 방향으로 발전할지 살펴보고자 합니다.

01

공학은 시대에 따라 변화하는 학문이에요

여러분이 이 책을 읽고 공대생이 되어야겠다고 마음을 먹는다면 그 다음에는 어느 학과로 진학을 할지 선택해야 합니다. 그런데 공과 대학에는 '바이오발효융합전공' '자동차IT융합전공' '인포메이션테크놀로지융합전공' '오픈소스거버넌스융합전공' 등 이름만 들으면 대체 어떤 내용을 배우는지 잘 이해가 가지 않는 학과들이 많습니다. 심지어 학교마다 학과 이름이 다르기도 합니다. 왜 공과 대학은 전공 이름이 이렇게 낯설고 복잡할까요?

물론 처음에는 이런 어려운 이름의 학과들이 많지 않았습니다. 토목공학부터 시작해 기계공학, 전기공학, 화학공학, 재료공학 등 전통적인 공학 분야만 있었지요. 그러다가 산업 발전과 더불어 각 공학 분야는 자동차공학, 항공공학, 조선공학, 정보공학, 통신공학, 제어계측공학, 컴퓨터공학, 자원공학, 원자력공학, 환경공학 등으로 세분화되었습니다. 최근에는 첨단 기술의 발달로 전공이 더욱 세분화되거나 몇 개의 전공이 융합하는 추세지요.

공학은 시대적인 요청에 따라 변화하는 학문입니다. 산업과 직접적으로 연결되어 있기 때문이지요. 기계공학은 기계 공업과 연관되고, 전자공학은 전자 산업과 연관되며, 토목공학이나 건축공학은 건설 산업과 밀접하게 연결됩니다. 그러니 국가별 또는 시대별로 어떤 산업에 주력하는지에 따라 공학에서 인기 있는 분야나 전공이 달라질 수밖에 없습니다. 오늘날만 해도 과거 산업 시대에는 상상할 수도 없던 인공 지능, 로봇 등이 주력 산업 분야로 떠오르고 있잖아요? 여러분도 그쪽에 관심이 많을 테고요. 그러다 보니 사람들의 관심사를 넘어 시대의 변화에 따라 대학 학과들 역시 시시각각으로 변화하고 세분화될 수밖에 없습니다.

우리나라 공업의 시작은 경공업이에요

우리나라는 일제에서 해방된 직후까지 농업 중심의 1차 산업 국가였습니다. 1차 산업이란 원재료를 직접 채취하고 이용하는 원시산업을 가리킵니다. 농업, 수산업, 임업, 광업 등이 여기에 해당하지요. 당시 제조업이나 건설업 같은 2차 산업은 주로 1차 산업을 지원하기 위한 정도였습니다. 밀가루를 만드는 제분 공장, 농사에 쓸 비료를 만드는 비료 공장, 실을 만드는 섬유 공장, 옷감을 짜는 방직 공장 같은 경공업 중심이었지요. 당시 우리나라는 인구가 많고 자원이 부족했기 때문에 소비재 중심의 공업이 유일한 희망이자 돌파구였습니다.

해방 후 처음 생긴 공과 대학은 이러한 사회적 분위기에 맞춰 만들어졌습니다. 방직 기계나 섬유 기계 등을 만들기 위한 기계공학과, 전기 공급과 설치를 위한 전기공학과, 도로나 다리 공사를 위한 토목공학과, 광물 자원을 캐내기 위한 광산공학과, 철광석을 처리하기 위한 야금공학과, 철도 건설을 위한 철도공학과, 전화 설치를 위한 통신공학과 등이 생겼지요. 모두 1차 산업과 관련된 경공업을 지원하고 사회 인프라를 구축하기 위한 학과들이었습니다.

공업

공업은 생산품의 무게에 따라 크게 경공업과 중공업으로 나뉩니다. 부피에 비해 무게가 가벼운 생활용품을 만드는 산업은 경공업, 부피에 비해 무거운 산업 제품을 만드는 산업은 중공업이라고 합니다.

우리나라는 언제부터 중공업에 주력했을까요?

천연자원이 부족한 우리나라는 60년대 후반부터 공업으로 나라를 일으키는, 소위 공업 입국이 살길이라 생각하면서, 국가의 주력 산업을 경공업에서 중공업으로 바꾸기 시작했습니다. 그 결과 선박을 만드는 조선업, 철을 가공 처리해 각종 철강재를 생산하는 철강업, 자동차를 디자인하고 제작하는 자동차 산업 등의 중공업이 급부상했지요.

우리나라가 중공업을 키운 이유는 무엇일까요? 부가 가치가 높은 중장비를 수출함으로써 경제 발전을 이루고자 했기 때문입니다. 또한 무기를 개발해 스스로 나라를 지키려는 의도도 있었지요. 그래서 당시 정부는 중장비를 만드는 기계 공업, 모터나 발전 장비를 만드는 전기 공업 그리고 선박을 만드는 조선 공업에 아낌없이 지원했습니다. 이 산업들을 뒷받침해 줄 제철소도 지었지요. 그 결과 1976년에 우리 손으로 만든 현대 자동차 포니 다섯 대를 처음으로 남미에 수출했습니다. 물론 당시 우리나라의 기술 수준이 매우 낮아 선진국의 기술을 도입해 만든 것이었지만요.

이러한 산업을 지원하려면 에너지가 필요합니다. 하지만 우리나라는 기름이 한 방울도 나지 않기 때문에 전통적으로 석탄에 의존해 산업을 일으켰습니다. 그러다가 탄광 산업이 낙후되고 환경 오염 문제가 불거지면서 석탄을 석유로 대체해 나갔지요. 그 결과 정유 산업뿐 아니라

중공업은 한국의 70~90년대 경제 발전을 이끌면서
주력 산업으로 자리 잡았습니다.
오늘날 조선업 등 일부 산업이 침체되기는 했지만
여전히 한국 경제에 무시하지 못할 영향력을 끼치고 있지요.

석유 관련 제품 산업과 화학공학이 발전하기 시작했습니다. 한편 중동 지역에 건설 붐이 일면서 우리나라도 도로, 항만, 공항 등 해외 사회 자본 건설에 뛰어들었습니다. 당시 토목공학과 졸업생은 없어서 못 데려간다는 말이 나올 정도로 우리나라의 해외 건설 사업은 매년 큰 흑자를 냈지요.

이후 80년대에 들어오면서 반도체나 컴퓨터와 관련된 전자 공업이 크게 발전했습니다. 전자공학은 제어공학과, 계측공학과 등으로 세분화됐고, 전자계산학과나 컴퓨터공학과 등이 새로 생겨났지요. 90년대에는 인터넷이 보급되면서 IT 열풍이 불었습니다. 컴퓨터와 관련된 전공의 인기가 하늘을 찔렀고 졸업한 후에는 벤처 기업을 창업하는 것이 한때 유행이었습니다. 과열된 IT의 인기가 가라앉으면서 사라진 업체도 많지만, 지금까지도 한글과 컴퓨터를 비롯해 KT, 넷마블, 네이버, 카카오 등 여러 벤처 기업체들이 성업하고 있습니다. 그 결과 현재 우리나라는 IT 강국이 되었지요.

산업이 점차 고도화되면서 예전처럼 산업 분야를 뚜렷하게 나누기 어려워졌습니다. 하나의 산업에 하나의 공학 기술만 필요하지 않기 때문입니다. 예를 들어 자동차 산업은 기계공학의 산물이지만 전자제어 기술이 점점 중요해지고 있습니다. 또 초고층 빌딩은 단순히 건축 구조물이 아니라 정보 통신과 기계 설비가 어우러진 하나의 종합 시스템으로 봐야 하지요.

이러한 경향으로 여러 개의 전공이 합쳐져 새로운 전공 분야가 생기고 있습니다. 기계공학과 전자공학을 합친 메카트로닉스(기전공학), 화학공학과 생명공학을 합친 화학생명공학, 자동차공학과 IT를 접목한 자동차IT공학 등이 그 예입니다. 최근에는 공학의 테두리를 벗어나 의학이나 생물학과 연계한 새로운 융합 전공도 생겨나고 있습니다. 학과 이름만 봐서는 어떤 전공을 융합했는지 정체를 알 수 없는 학과들도 있지요. 그런가 하면 로봇공학, 드론공학, 디스플레이공학, 반도체공학과 같이 특정 제품 개발에 목적을 두고 제품 이름을 딴 전공까지 생겨나고 있습니다. 이처럼 공학은 시대에 따라 변화해 왔고 앞으로도 계속해서 변화할 것입니다.

02

지금 엔지니어들은 무엇에 관심을 기울이고 있을까요?

여기서는 공학을 크게 네 개의 분야로 나누어 설명하고자 합니다. 첫째는 토목공학, 건축공학, 환경공학을 포함하는 건설 환경 분야, 둘째는 기계공학, 항공우주공학을 중심으로 하는 기계 자동화 분야, 셋째는 전기전자공학, 정보통신공학, 소프트웨어공학 같은 전기 전자 및 정보통신 분야 그리고 마지막은 신소재공학, 화학공학, 생명공학을 포함하는 나노 및 생명공학 분야입니다.

공학 분야는 워낙 다양하고 서로 연관되어 있기 때문에 명확하게 분류하는 것은 쉽지 않습니다. 하지만 대부분의 공학 전공이 이 네 분야를 중심으로 파생하는 것은 분명합니다.

자연을 활용해 인류가 살아갈 환경을 조성해요

건설 환경 분야의 엔지니어들은 환경을 조절해 자연의 위협으로부터 인간을 보호해 주면서도 자연을 편리하게 이용하는 사회 기반 시설을 만듭니다. 대개는 토목공학, 건축공학, 환경공학 등을 전공하지요.

토목공학은 땅의 면적과 거리를 측량하는 측량공학 및 지형정보공학, 구조물이 튼튼한지 분석하는 구조공학, 구조물 아래 땅속 기초를 다지는 지반공학, 댐이나 항만 등을 만들기 위해 물 흐름을 분석하는 수공학, 교통 시설의 설계와 운용을 위한 교통공학 등의 세부 전공으로 구성됩니다.

토목 공사는 대개 규모가 크고 지역 사회와 밀접하게 관련되므로 거시적인 관점으로 작업해야 합니다. 또 설계를 제외하면 대부분의 작업이 현장에서 이루어지기 때문에 현지 상황에 잘 적응하고 공사 인력들과도 스스럼없이 잘 어울릴 줄 알아야 합니다. 프로젝트에 참여하면 설계 단계부터 자재 조달 그리고 시공에 이르기까지 전 과정에 참여해야 하지요. 그만큼 교량이나 항만 등 자신이 참여한 프로젝트를 통해 완성된 시설물을 세계 각지에서 만나는 것처럼 멋진 경험을 할 수 있는 분야입니다.

토목공학과 졸업생들은 주로 대형 건설사와 공학 분야 설계 회사 그리고 건설 관련 공공 기관으로 진출합니다. 리비아 대수로 공사나 아랍

에미리트 원전 공사와 같이 국경을 초월한 대단위 국제 프로젝트에 참여하는 경우도 많지요.

한편 건축공학은 안전하고 쾌적한 공간을 제공하는 건물을 만드는 일입니다. 건축 공사는 토목 공사보다 규모가 작지만, 사람이 일상생활에서 실제 거주하는 공간을 만드므로 설계부터 시공에 이르기까지 좀 더 섬세한 접근이 필요합니다. 건축학은 물론이고, 거주자의 활동을 분석하는 인문학적 소양과 실내외의 미적인 설계를 위한 예술적 소양도 요구되지요.

건축학과는 대개 5년제로 운영되고 있습니다. 건축물의 용도 계획과 미적인 설계 및 시공에 관한 전 과정뿐 아니라 건축의 역사, 재료, 에너지, 토질, 건설 관리 등 전반을 배우다 보니 보통의 전공처럼 4년제로 진행하면 충분히 배울 시간이 부족하기 때문이지요. 참고로 건축 구조나 건축 환경 그리고 건축 설비 등 직접적인 건물 설계 및 시공에 관한 내용을 배우는 건축공학과는 보통 4년제로 운영됩니다.

세상에는 멋진 건축물이 많습니다. 어떤 사람들은 여행을 가면 그 지역의 대표 건축물을 보기 위해 일부러 찾아가기도 합니다. 서울 경복궁에 가면 경회루를 찾고, 경주에 가면 대중교통으로는 가기도 어려운 불국사와 석굴암을 찾아가지요. 반대로 콜로세움 경기장을 보기 위해 로마를 찾거나 소피아 성당을 보기 위해 이스탄불을 찾는 사람들도 있습니다. 오래된 건축물뿐 아니라 최근에 지어진 건축물을 찾아 나서는 사

샌프란시스코의 금문교(上)와 서울의 롯데월드타워(下)입니다.
금문교처럼 거대한 규모의 구조물을 짓는 일은 토목 공사,
롯데월드타워처럼 사람이 지내는 목적으로
건물을 짓는 일은 건축 공사라고 합니다.

람들도 있지요. 뉴욕의 엠파이어 스테이트 빌딩, 동대문의 디자인플라자(DDP) 등은 그 지역을 빛내는 멋진 현대식 건축물입니다.

오래된 건축물부터 현대식 건축물까지 건축의 역사는 곧 인류의 역사라 해도 과언이 아닙니다. 그리고 그러한 건축물을 만드는 건축가는 엔지니어로서 실용적인 건축물을 만들면서도 예술가로서 지구상에 아름다운 작품을 남긴다는 자부심을 가지고 있습니다.

건축학과 및 건축공학과 졸업생은 주로 건축 설계 사무소에 들어가 건축가로 활동하는 경우가 많습니다. 그 외에는 대형 건설사로 진출하는 경우가 많지요. 주요 업무는 건축 도면을 그리는 일이지만, 건설 시공과 감리 또는 건물 유지 관리 업무도 수행합니다.

환경공학은 자연을 보존하고 개선해 살기 좋은 환경을 유지하고자 노력합니다. 대기 오염, 수질 오염 그리고 토질 오염을 방지할 공학적인 해결 방안을 제공하지요. 그러다 보니 다른 공학 분야인 토목공학, 에너지공학, 기계공학, 자원공학, 원자력공학뿐 아니라 생태학, 산림학, 기상학, 해양학, 지질학, 경제학과도 밀접한 연관이 있습니다.

오늘날 '웰빙'이라는 신조어가 등장할 정도로 사람들이 삶의 질을 중요하게 생각하면서 환경에 대한 관심도 날로 높아지고 있습니다. 그래서 무분별한 환경 개발을 막고 자연을 있는 그대로 둬야 한다는 주장도 있습니다. 하지만 환경엔지니어들은 이러한 식으로 환경을 보호하지 않습니다. 공학적인 방법을 통해 환경 오염을 개선하고 지속적으로 개발이 가능한 환경을 만들어 가고자 노력하지요. 지속적인 경제 발전을 이루려면 개발을 하지 않는 것이 아니라 지속 가능한 개발이 필요하기 때문입니다.

환경공학을 공부한 학생들은 우리가 살고 있는 소중한 지구를 지킨다는 시대적 소명을 가지고 활동합니다. 그리고 주로 환경 설비 제조 설치 업체 또는 대형 건설사로 진출하지요. 이외에도 환경에 관련된 일은 공공적인 성격이 강하기 때문에 환경 관련 연구 기관이나 감시 기관 같은 공공 기관으로 진출하거나 직접 환경 운동을 주도하는 시민 단체에서 활동하는 사람들도 많습니다.

기계 자동화 분야는 모든 공학의 기반이에요

기계 자동화 분야는 에너지를 써서 움직이거나 일을 하기 위한 기계 장치의 설계, 이용, 제작, 운전 등을 다루는 공학입니다. 기계공학, 기계설계학, 자동차공학, 자동화공학, 로봇공학, 항공공학 등이 있지요.

이 중에서 기계공학은 가장 공학스러운 전공입니다. 아마 여러분이 쉽게 떠올리는 엔지니어들 역시 기계공학을 전공했거나 밀접한 연관이 있을 겁니다. 자동차나 냉장고는 물론이고 섬유, 음료, 종이 등을 생산하는 공장과 설비 그리고 그러한 기계를 만드는 기계까지, 움직이는 기계라면 모두 다 다룬다고 해도 과언이 아니지요. 따라서 기계공학은 모든 공학 기술의 기반이라고 할 수 있습니다. 그렇기에 기계공학과 졸업생은 거의 모든 공업 분야에 진출할 수 있지요. 해당 전공자들은 수학과 그 해석에도 능하기 때문에 산업체에서 가장 선호하는 전공 중 하나입니다.

기계공학 전공자들은 움직이는 물체에 작용하는 힘과 에너지를 기본적으로 배웁니다. 열역학, 유체역학, 고체역학, 동역학 등 4대 역학을 시작으로 설계공학, 생산공학, 자동 제어에 관련된 이론을 공부하지요. 그런 다음 자동차, 냉동기, 엔진, 공작 기계, 로봇 등 각종 기계의 작동 원리와 해당 산업에 어떻게 응용할지를 배웁니다. 미국의 어느 대통령은 모든 대학생에게 기계공학을 가르치라고 했답니다. 합리적으로 사고하는 방법을 배우고, 실제적인 응용을 목적으로 공부하라는 의미였지요.

기계공학 전공자가 움직이는 모든 기계를 다룬다고 해서 우주선처럼 특수한 경우까지 총괄해서 다룰 수는 없습니다. 항공기나 우주선을 기계공학의 일부로 생각할 수도 있지만, 창공은 압력과 온도 그리고 중력 등이 지상과 전혀 다르기 때문입니다. 특히 우주선 제작 작업은 우주 환경에 대한 정확한 이해가 필요합니다. 그래서 항공우주공학과를 별도로 만드는 학교가 늘어나고 있지요.

사실 하늘을 날고 싶은 인류의 꿈은 오래되었습니다. 그리고 이제 인류는 하늘을 넘어 지구 대기권 바깥까지 나아가기를 꿈꾸고 있지요. 그

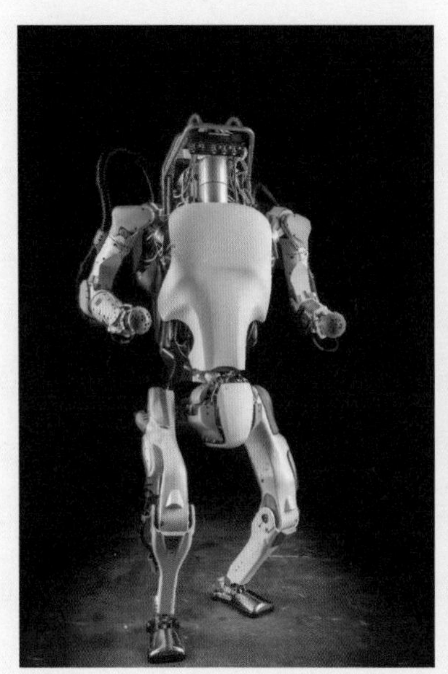

기계공학은 움직이는 모든 기계를 다룹니다.
항공우주공학은 기계공학의 일부기는 하지만
우주라는 특수한 환경에서
고속으로 운행하는 비행체를 전문적으로 다룹니다.

래서 이와 관련된 학문도 항공'우주'공학이라고 부르는 것 같습니다. 우주 산업은 인공위성과 이를 쏘아올리는 발사체가 핵심입니다. 우리나라는 발전된 전자산업 덕분에 인공위성 개발은 앞서갔지만, 발사체 개발은 이제 시작 단계입니다. 발사체 기술은 국방과 관련되어 보안이 철저해서 선진외국의 기술 도입이 쉽지 않았습니다. 그나마 러시아의 도움으로 2013년 나로과학위성을 발사할 수 있었고, 2022년 드디어 독자 개발한 한국형 발사체인 누리호를 발사하는 데 성공했습니다. 이로써 우리는 실용위성을 발사할 수 있는 세계 7번째 국가로 급부상했습니다. 어느 나라든 발사체를 쏘아 올리는 것은 국민적 자부심을 한껏 높여주며 과학기술 이상의 큰 의미를 갖습니다. 더구나 누리호는 설계부터 제작, 시험, 발사, 운용까지 모든 과정을 우리 독자 힘으로 수행하였지요. 누리호 개발에 300여개의 국내 기업이 참여하면서 핵심기술을 확보할 수 있었고 이를 기반으로 국내에 우주 산업이 태동하고 있습니다.

한편 항공산업 관련하여 다양한 형태의 드론이 개발되어 항공 촬영이나 택배 등에 널리 활용되고 있습니다. 전형적인 드론 이외에도 생태모방기술을 이용하여 새와 벌 그리고 잠자리 등 자연물을 모사한 다양한 로봇들도 개발하고 있지요. 미래의 드론은 공유 비행 택시와 같은 승객용 도심항공 모빌리티, 비상 인명구조용 또는 군사용 무인공격기 등으로 발전할 것입니다.

지금의 산업 혁명을 이끌고 있는 분야는 어디일까요?

오늘날은 컴퓨터와 인터넷 세상이라고 해도 과언이 아닙니다. 등교할 때면 친구와 스마트폰 앱으로 대화하고, 길을 찾을 때는 스마트폰 지도 앱부터 켭니다. 이렇게 일상 깊숙이 침투한 IT 정보 기술은 제3차 산업 혁명의 결과입니다. 지금은 이보다 더 나아가 제4차 산업 혁명 시대라고도 하지요. 이 시대를 이끈 원동력은 무엇일까요? 공학 분야에서 살피자면 전기전자공학, 정보통신공학, 소프트웨어공학이 대표로 꼽히는 전기 전자 및 정보 통신 분야입니다.

전기전자공학은 전기와 자기에 관한 현상을 탐구하고 전자의 운동과 이용 기술을 개발하는 전공입니다. 에너지로서 전기를 다루는 전기공학에서 시작해 전기 신호를 다루는 전자공학으로 발전했지요. 그리고 여기서 더 세분화된 제어계측공학과 정보통신공학 등이 파생했습니다.

전자공학을 전공하는 학생들은 전자기학에 기반해 논리 회로, 고주

제어계측공학

자동으로 온도를 높이거나 내리는 에어컨이 있습니다. 에어컨에 내장된 온도 센서가 외부의 온도를 측정하기 때문에 가능한 일입니다. 이처럼 각종 기계 등에 내장된 제어 시스템을 연구하는 학문이 바로 제어계측공학입니다.

전기전자공학은 상당히 넓은 기술 분야를 아우르는데,
그중 하나가 여러분도 잘 알고 있는 반도체입니다.
우리나라의 반도체 기술은 세계적인 수준이지요.

파 회로 등 각종 회로 이론과 설계를 배웁니다. 통신 관련해서는 디지털 통신, 이동 통신, 전파공학 등을 공부하며 반도체 관련해서는 집적회로, 메모리 설계를 공부하고요. 영상신호처리, 멀티미디어공학, 센서공학, 제어공학 등도 공부하지요.

한편 전기공학에서는 기계를 움직이는 에너지로서의 높은 전압을 다루며, 전력의 생산과 이용에 관련된 전력 전자, 전동기 제어 등을 공부합니다. 최근에는 에너지 공유 사회를 위한 지능형 전력망을 구축하는 데 중심 역할을 하고 있지요.

전기 전자 기술은 하루가 다르게 발전하고 있습니다. 그러다 보니 전기전자공학 전공생들이 공부할 내용도 계속 늘어나지요. 하지만 그만큼 전망이 매우 밝은 분야이기 때문에 회로를 만질 수만 있다면 전공생들은 졸업 후 어느 회사로도 갈 수 있습니다. 아무리 회사 규모가 작더라도 기계엔지니어와 전기전자엔지니어는 한 명씩 꼭 필요하기 때문입니다. 최근에는 첨단 제품을 개발하는 스타트업을 창업하는 전기전자엔지니어들도 많이 늘고 있는 추세지요.

정보통신공학은 전자공학 중 신호 처리 및 통신 분야가 특화된 전공입니다. 정보화 사회의 핵심으로, 유무선과 컴퓨터 통신 기술을 활용해 정보를 전달하는 모든 과정을 공부합니다. 컴퓨터의 발달과 인공위성 덕분에 이동 통신, 광 통신, 위성 통신 등 새로운 정보 통신 기술이 등장하면서 급격하게 발전했지요. 그리고 지금은 사람과 사물의 연결, 하드웨어와 소프트웨어의 융합을 추진하고 있습니다. 현실 세계와 가상 세계를 결합해 언제 어디서나 편리하게 컴퓨터 자원을 활용하는 유비쿼터스 환경을 만들어 나가는 데 앞장서고 있지요.

정보통신공학을 전공한 사람들은 신호 변환, 디지털 논리, 지능형 시스템, C프로그래밍 및 데이터 통신망, 이동 통신, 통신망 융합, 네트워크 보안, 사물 인터넷 등을 배워 네트워크엔지니어, 무선설비기사, IT 컨설턴트, 방송통신기사, 전파통신기사 등이 됩니다. 정보통신공학은 제4차 산업 혁명이 본격적으로 진행되면 우리가 상상하지도 못한 영역으로까지 발전할 수 있습니다. 그러면 더욱 빠르고 정확한 정보 전달을 위해 정보통신엔지니어를 필요로 하는 영역이 많아질 테고 매년 새로운 일자리는 늘어날 것입니다.

이렇게 발전된 정보 통신 기술로 오늘날 우리가 가장 많이 하는 일은 스마트폰으로 앱에 접속하는 일이 아닐까 합니다. 앱 개발을 전문으로 배우는 전공이 바로 소프트웨어공학입니다. 정보화 시대의 필수품인 컴퓨터와 스마트폰 등의 각종 전자 기기를 운영하는 소프트웨어를 비롯해 다양한 기능을 수행하는 앱을 개발하지요.

초기의 소프트웨어공학은 전산학이라 하여 주로 대형 컴퓨터의 운영 체계나 공학 계산용 소프트웨어를 개발했습니다. 그리고 이제는 사람과 컴퓨터가 소통하는 수단인 프로그래밍 언어를 기반으로 창의력을 발휘해 각종 소프트웨어를 개발하지요. 소프트웨어를 개발하기 위해서는 프로그래밍 언어뿐 아니라 알고리즘, 정보 검색, 데이터베이스, 패턴 인식, 영상 처리, 그래픽스 등을 이해하고 있어야 합니다. 최근에는 인터넷 보안이 중요해지면서 암호 이론과 인공 지능에 관해서도 공부해야 하지요.

지금까지의 공학이 우리가 실제로 살고 있는 아날로그 현실을 바꿔 갔다면 앞으로의 공학은 디지털로 이루어진 가상 세계를 바꿔 갈 것입니다. 미래 생활은 실제 먹고 자는 일을 제외하면 대부분 디지털 세상 속에 있는 영화관, 상점, 은행, 학교 등에서 이루어질 것입니다. 이때 핵심은 소프트웨어입니다. 소프트웨어는 정보화 및 지식을 기반으로 하는 디지털 시대의 주축이 될 것입니다. 더구나 인공 지능이 널리 확산되면서 새로운 인공 지능 모델을 개발하고 데이터를 관리하는 소프트웨어의 중요성은 더욱 중요해지고 있습니다.

새로운 물질을 만드는 핵심, 나노 기술

오늘날에는 새로운 재료와 제품이 수없이 쏟아져 나옵니다. 따라서 이제는 단순히 철, 구리 등의 전통적인 공업 소재로만 제품을 만들지 않습니다. 철보다 강한 플라스틱, 물에 뜨는 가벼운 금속, 불에 타지 않는 신소재들을 사용하지요. 탄소 나노 튜브, 파인 세라믹스, 형상 기억

합금, 그래핀 등 이름만 들어도 낯선 재료들로 제품을 만듭니다. 그런데 이렇게 새로운 재료와 제품이 어떻게 끝없이 나올 수 있을까요?

바로 나노 기술 덕분입니다. 나노 기술은 눈에 보이지 않을 정도로 매우 미세하게 물질을 가공해 새로운 물질을 만드는 기술입니다. 10억분의 1 정도로 미세한 수준까지 물질을 다루지요. 인류는 이 기술을 활용해 새로운 재료와 제품을 만들고 있습니다. 인간의 장기로 활용할 수 있는 것도 만들지요. 금속과 무기 재료를 다루는 신소재공학, 유기 화합물을 다루는 화학공학, 생체 재료를 다루는 생명공학이 대표적으로 나노 기술을 활용하는 분야입니다.

신소재공학은 금속이나 무기 재료의 특성을 과학적으로 분석하고, 신소재를 제조하기 위한 공정과 가공법을 개발합니다. 신소재공학 전공자들은 재료물리학, 재료화학, 금속조직학, 재료열역학 등 재료 과학을 기반으로 전자 재료, 광학 재료, 세라믹, 촉매 재료, 재료가공학, 재료분석학, 재료공정공학 등을 배우지요. 이를 토대로 전자를 한쪽 방향으로만 흐르게 하는 반도체, 전기가 흐르면 빛을 내는 디스플레이 소자, 고온에 견디는 세라믹 재료 등 여러 가지 특수한 성질을 갖는 비금속 재료를 개발했습니다.

신소재공학 전공자들은 졸업 후 금속기사, 반도체설계기사, 비파괴검사기사, 세라믹기사 등의 자격증을 따고 제철 제강 업체나 신소재 제조 업체로 진출합니다. 또 나노 소재, 무기 재료, 환경 소재 관련 기초

연구원에서 개발 연구에 참여하는 사람들도 있지요.

그런가 하면 화학공학은 새로운 물질을 개발하고 화학적 특성을 분석하기 위한 목적으로 정밀화학이나 공업화학 분야에서 비롯되었습니다. 석유가 널리 쓰이면서 석유를 정제하는 정유 산업, 석유를 원료로 하는 석유 화학 공업과 함께 성장했지요. 이 분야에서는 각종 플라스틱이나 다양한 기름류 등 유기 화합물의 특성과 화학 반응에 관해 연구하고 제조 공정을 개발합니다. 최근에는 생명공학과 연계한 연구들이 많이 이뤄지면서 에너지와 환경 전반을 다루는 공학 분야로도 자리 잡았지요.

화학공학 전공자들은 엔지니어 중에서도 광범위한 기술 문제를 다루기 때문에 '유니버설(universal) 엔지니어'라고 불립니다. 유기화학, 물질전달, 반응공학, 고분자공학, 공정 설계, 공정 제어, 생물화학 등 유기 화합물에 관한 거의 모든 것을 알아야 합니다. 여기에 화학공학이 생명공학과 연계되면서 그에 관한 지식도 요구되고 있지요. 화학공학은 응용 범위가 넓기 때문에 졸업생들은 석유 화학 업체, 정유 업체, 정밀화학 업체, 환경 및 에너지 관련 산업체, 식음료 업체, 섬유 업체, 제약 및 생명과학 업체 등 다방면의 업계로 진출할 수 있습니다.

최근 들어 화학공학과 연계되고 있는 생명공학은 인체를 포함한 동식물과 미생물 등 모든 생명체의 활동과 현상을 연구합니다. 그리고 그 결과로 불치병과 난치병 치료약을 개발하거나 인공 장기, 더 나아가 복제 인간의 가능성까지 연구하지요. 생명과학에서 출발한 생명공학은

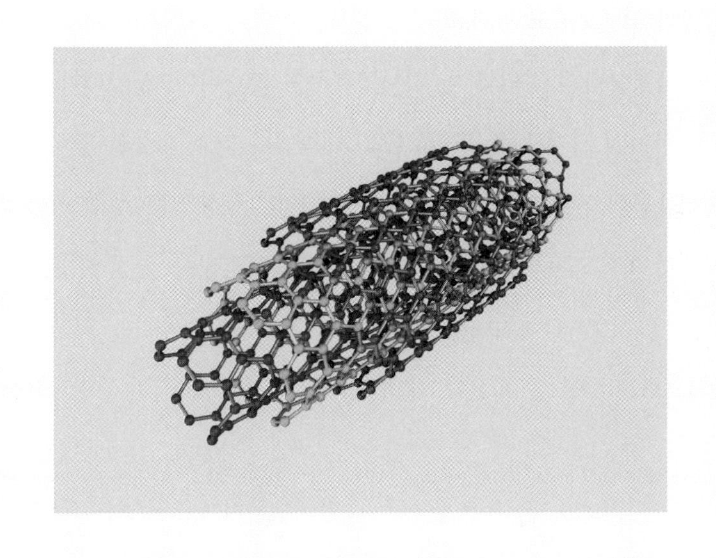

탄소 나노 튜브는
철보다 100배 강하고 열전도율이 높아
꿈의 신소재라 불리며 각광받고 있습니다.

초기에 발효나 식물 육종을 중심으로 하는 효소공학이나 세포배양공학처럼 고기능 생물을 대량 증식하거나 그 기능을 최대한 발휘시키는 공정 기술을 연구했습니다. 하지만 최근에는 유전자공학과 세포공학 또는 단백질공학과 같이 품종 개량을 목적으로 유전자를 조작하는 기술을 활발하게 연구하고 있지요.

사실 생명공학의 정의와 범위는 명확하지 않습니다. 생명과학과 생명공학 사이의 경계도 불분명하지요. 대학마다 발효 식품을 중심으로 하는 식품공학, 의학과 연계한 의생명공학이나 생체의공학, 화학 공정과 연계한 화학생명공학, 환경과 연계한 환경생명공학 등 중점을 두고 있는 분야도 가지각색입니다. 그래서 생명공학을 전공하는 학생들은 공통적으로 미생물학, 유전학, 생화학, 생리학 등 기본적인 생명과학을 공부하고, 전공에 따라서 분자생물공학, 생물공정공학, 인체생명공학, 식품가공학, 효소공학, 유전체공학, 공업미생물학 등 기존의 전통적인 공학에서 다루지 않던 새로운 분야를 공부해야 하지요.

생명공학 전공자들은 졸업 후 식품 산업체나 의약 산업체, 환경 업체 등의 기업체나 생명과학 연구원이나 생물공학 연구원 등의 연구소로 진출합니다. 대기환경기사, 생물공학기사, 수질환경기사, 식품기사, 폐기물처리기사 등의 자격증을 따고 관련 엔지니어로 활동하는 사람들도 있지요.

03

미래에는 어떤 공학 기술이 중요할까요?

2016년, 바둑 천재 이세돌과 알파고가 바둑 대결을 벌일 때만 해도 사람들은 이세돌이 쉽게 이길 것이라 생각했습니다. 하지만 모두의 생각과 달리 알파고가 4승 1패로 이겼지요. 이처럼 인공 지능 기술은 빠르게 발전하고 있습니다. 언젠가는 바둑뿐 아니라 대부분의 영역에서 기계가 인간을 이길지도 모릅니다.

인공 지능, 사물 인터넷, 빅데이터, 모바일 등 첨단 정보 통신 기술이 가져온 혁신적인 변화를 제4차 산업 혁명이라고 합니다. 기계 혁명, 전기 혁명 그리고 인터넷 혁명에 이어 일어난 이 네 번째 산업 혁명을 지능 혁명이라고도 하지요. 이전에 산업 혁명이 닥쳤을 때와 같이 제4차 산업 혁명이 도래하면서 산업 구조가 크게 바뀌고 있습니다. 특히 인공 지능을 구현하는 데이터공학과 뇌를 연구하는 뇌공학 등이 최근 크게 각광받고 있지요. 기존의 기계, 전자, 건설 등 전통적인 공학 분야에서도 어떻게 인공 지능을 활용할지 연구하고 있고요. 이 밖에 어떤 연구들이 우리의 삶을 바꿔 나가고 있을까요?

모든 사람과 사물이 서로 연결되는 세상이 올 거예요

인공 지능과 함께 제4차 산업 혁명의 핵심으로 꼽히는 것은 초연결입니다. 그래서 초연결을 구현하는 정보 통신 기술이 크게 각광받고 있지요. 초연결이란 사람과 사람, 사람과 사물, 사물과 사물이 연결되는 상황을 말합니다. 즉 모든 사람과 사물, 기계, 센서들이 인터넷으로 서로 연결되고 빠르게 정보를 교환하는 것이지요. 이것을 사물 인터넷 또는 만물 인터넷(IoE: Internet of Everything)이라고 합니다. 모두 빠른 통신 속도와 똑똑한 인공 지능 덕분에 가능해진 일이지요.

통신 속도가 빠르다는 것은 단순한 속도의 문제가 아닙니다. 여태까지 생각하지 못한 응용도 가능하게 만들어 주지요. 2G폰에서 3G폰으로 휴대 전화가 발전하면서 문자 전송 속도가 빨라졌을 뿐 아니라 동영상 전송과 화상 통화도 가능해진 것처럼요. 지금은 이보다 빠른 5세대 이동 통신인 5G가 등장하면서 주변 사물들 사이의 실시간 소통이 가능해졌습니다. 덕분에 컴퓨터와 스마트폰 등 각종 가전 기기들이 서로 실시간으로 소통하는 네트워크를 구성하고, 사용자의 실시간 요구도 반영하는 효율적이고 편리한 세상을 구축할 수 있게 되었습니다.

로봇이 빠른 인터넷 속도를 이용해 사람의 동작을 실시간으로 따라 할 수도 있게 되었습니다. 가까운 미래에 공장에서 로봇들이 일정한 속도로 움직이며 시간 지연 없이 반도체 등을 생산할 수 있을 테고, 위험한 작업에 인간 대신 로봇을 투입할 수도 있을 것입니다. 로봇이 직접 후쿠시마 원전 사고 현장을 돌아다니며 촬영한 것처럼 말이지요.

또 도로 위에서는 몇몇 자율 주행 자동차가 주변의 수많은 차량과 실시간으로 교신하며 사고를 방지하고 안전하게 도로를 달리고 있습니다. 이때 통신 속도는 계속 빠르게 유지되어야 합니다. 조금이라도 접속이 느려지면 큰일이 나지요. 자율 주행 자동차가 다른 차량과 교신하는 속도가 느려지면 언제든지 일어날 수 있는 위험에 즉각적으로 대응하지 못해 큰 사고가 발생할 수 있기 때문입니다.

기계가 똑똑해야 서로 대화도 하고 사람의 명령을 수행할 수 있겠지요? 설정된 온도에 따라 에어컨을 조절하거나 정해진 규칙에 따라 단순 작동하는 컴퓨터 프로그램은 인공 지능에 끼지도 못합니다. 인공 지능이라면 축적된 경험을 학습하면서 스스로 알고리즘을 변경하거나 만들어 갈 줄 알아야 합니다. 그러니 공부를 잘하는 학생이 있는 반면에 못하는 학생도 있는 것처럼 여러 인공 지능 사이에서도 수준 차이가 생

이제 인터넷은 사람과 사람의 연결을 넘어
사람과 사물, 사물과 사물이 연결되는 세상을
만들어 가고 있습니다.

길 수밖에 없습니다. 이때 데이터베이스에 근거해 인간의 지능을 흉내 내기만 하면 '약한 인공 지능'이라 하고, 지각력이 있고 스스로를 인식할 줄 알면 '강한 인공 지능'이라고 합니다.

인공 지능의 응용 분야는 매우 넓습니다. 이미 언급한 바와 같이 자율 주행 자동차는 스스로 위험을 감지하고 상황에 맞는 운전 방법을 판단합니다. 음성 인식 기술은 음성 신호를 문자 데이터로 전환하고 전후 맥락에 숨어 있는 의미까지 파악하므로 개인 비서로 활용되기도 하지요. 또 생체 인식 기술은 이미지와 터치 그리고 신체 언어를 인식해 인간과 기계 사이의 자연스러운 상호 작용을 가능하게 합니다.

인터넷 세상에서는 인공 지능이 더 다양하게 응용될 수 있습니다. 사용자의 이력을 바탕으로 취향에 맞는 상품과 콘텐츠를 추천하거나 맞춤형 정보를 제공할 수 있습니다. 개인이 은행 거래를 할 때는 해킹 등 평소와 다른 이상한 금융 거래를 탐지해 주고, 더 높거나 안전한 수익을 낼 수 있도록 주식 투자를 도와줍니다. 또 환자 진료 기록을 바탕으로 만든 의료 인공 지능과 축적된 법원 판례를 바탕으로 만든 법률 인공 지능은 의사와 변호사도 대체할지 모릅니다. 그뿐인가요? 최근 선보인 생성형 AI는 사람처럼 글쓰기, 작곡, 그림, 영화제작 등과 같은 창작활동도 할 수 있어요.

현재 뇌와 지능에 관한 근본적인 연구를 하는 심리학, 인지과학, 신경과학 등 여러 분야에서 인공 지능을 연구하고 있습니다. 이들의 연구를 바탕으로 엄청난 속도로 발달하고 있는 인공 지능은 사람이 수행하는 업무 중 사무적이고 기계적인 일이라면 얼마든지 대체할 수 있습니다. 하지만 고도의 창의력이 요구되는 일은 인공 지능으로 대체하기 어렵습니다. 창의력은 쉽게 코딩하거나 가르칠 수 있는 것이 아니니까요.

공학은 인간이 보다 건강한 삶을 누리길 원해요

과거보다 인류의 평균 수명이 길어지면서, 인간은 어떻게 해야 보다 건강하고 행복하게 살 수 있는지 고민하기 시작했습니다. 이에 따라 과거에는 생존과 번영을 위한 공학 기술이 중요했다면, 미래에는 건강하고 안전한 생활을 위한 공학 기술이 핵심이 될 것입니다. 즉 사람에게 직접 적용하는 의공학이나 생명공학이 크게 발전한다는 이야기지요.

현재 거동이 불편한 사람들을 위한 다양한 맞춤형 재활 보조 기구와 치료 기구 등 각종 의료 장비가 개발되고 있습니다. 제어 기술이 발달하면서 지체 장애인을 도와줄 착용형 근력 증강 로봇과 시청각 장애를 극복할 수 있도록 도와줄 증강 현실 안경 및 보청기도 만들어졌지요. 센서와 계측 기술이 발달하면서 환자가 어디에 있더라도 실시간으로 검진이 가능한 의료 시스템도 구축되고 있습니다. 이러한 시스템이 상용화되면 의사가 옆에 있지 않더라도 언제 어디서든 원격으로 진료할 수 있습니다. 필요한 경우 수술용 로봇을 이용해 원격으로 수술할 수도 있지요. 또 혈관 속을 따라 움직이면서 몸속의 이상 상태를 감지하고 필요한 조치를 취하는 캡슐 형태의 초소형 로봇도 개발되고 있습니다. 신체 단면을 속속들이 들여다보면서 이상 징후를 즉각적으로 발견하는 영상 진단 장치도 나오고 있고요.

최근에는 생각만으로 로봇과 소통하는 연구가 활발하게 진행되고 있습니다. 이때 가장 중요한 것은 '사람의 마음을 어떻게 정확히 읽어 로봇에게 전달하느냐'입니다. 이것을 '사람과 기계의 인터페이스'라고 합니다. 기계에게도 음성을 인식하거나 눈의 깜빡임 또는 근육의 작은 움직임을 감지해 사람의 의도를 파악하는 소통 기술이 무엇보다 중요해진 것입니다. 기계공학, 전자공학, 의학이 융합된 의공학 분야는 현재 인류의 건강한 삶을 위해 이처럼 빠르게 발전하고 있습니다.

한편 인간의 질병 또는 상해를 잘 치료하려는 움직임도 있습니다. 바

줄기세포

줄기세포는 끝없이 분열하는 세포입니다. 사람의 피부에 이식하면 새로운 피부를 만들어 내고, 각막에 이식하면 새로운 각막 세포를 만들어 내지요. 물론 모든 장기가 줄기세포를 가지고 있지는 않기 때문에 만능 세포라고 할 수는 없지만, 기존의 불치병 등을 치료할 수 있어 꿈의 치료법으로 불리기도 합니다.

이오테크놀로지(BT)라고도 부르는 생명공학은 줄기세포로 신약을 제조하고 유전자 기술로 생체 재료를 연구하고 개발합니다. 금속 재료가 기계 산업의 토대가 된 것처럼 생체 재료는 살아 있는 물질로서 바이오산업의 토대가 됩니다. 환자의 유전 정보에 맞춘 생체 재료를 이용하면 기존의 플라스틱이나 합금 재료와 달리, 인체에 거부감이 없는 인공 피부나 인공 장기를 만들 수 있지요.

이처럼 살아 있는 소재를 개발하는 생명공학은 이제 시작 단계에 있습니다. 신소재공학이나 화학공학 이상으로 무궁무진하게 발전할 가능성을 가지고 있지요.

푸른 지구에서 오래 살 수 있는 방안을 고민해요

인간은 지구를 떠나서 살 수 없습니다. 그렇기에 하나밖에 없는 지구환경을 잘 보존해야 합니다. 그러나 그동안의 무분별한 개발과 자원 낭비로 자연환경은 이미 많이 훼손되었습니다. 이제는 발전 방향을 바꿔 자연환경과 조화롭게 공존하기 위해 지속 가능한 발전을 해야 합니다. 즉 자연이 스스로 치유할 수 있는 범위 내에서 자연을 개발하고 활용해야 하지요. 수백만 년 동안 땅속에 축적된 화석 연료를 지금처럼 계속 뽑아 쓰기만 한다면 언젠가 에너지는 고갈되고, 대기 오염은 심각해집니다. 미래 세대가 살아갈 터전은 없어지겠지요.

우리는 화석 연료의 사용을 가급적 줄이고 재생 가능한 에너지를 사용해야 합니다. 재생 에너지란 자연 상태에서 만들어진 에너지를 말하며 태양 에너지를 비롯해 풍력, 수력, 지열, 조력, 파력 에너지 등이 있습니다. 여기에다 신에너지인 연료 전지와 수소 에너지 그리고 석탄 액화·가스화 에너지를 합쳐 신재생 에너지라고 합니다. 우리나라는 아직까지 신재생 에너지 보급률이 전체 에너지 사용량의 8퍼센트 정도에 불과합니다. 하지만 최근 연구 덕분에 태양 전지 패널의 효율이 높아진 반면, 가격은 낮아졌습니다. 또 다양한 형태의 수력, 조력, 풍력 터빈도 개발되고 있지요. 이러한 연구가 계속된다면 2030년까지 신재생 에너지 보급률을 30퍼센트까지 끌어올리겠다는 목표를 달성할 수 있을 것입니다.

특히 우리나라는 새로운 에너지인 수소에 주목하고 있어요. 그동안 에너지의 대부분을 수입에 의존하던 자원 빈국의 서러움을 떨치고, 앞으로 수소시대를 선도하여 탄소중립을 앞당기고 새로운 에너지의 주인공이 되는 것을 목표로 하고 있지요. 이를 위해 수소차, 수소충전소, 연료전지 등 수소 관련 기술 개발과 수소 산업 육성에 온 힘을 쏟고 있어요.

현재 핵융합을 이용한 인공 태양이 미래의 에너지로 떠오르고 있습니다. 핵융합 에너지는 고갈될 염려가 없고 무엇보다 방사능 물질이 거의 없어 꿈의 에너지입니다. 과거 영국의 증기 기관과 독일의 디젤 엔진이 세계에 영향력을 행사한 것처럼 인공 태양으로 에너지 패권을 잡

핵융합은 원자핵이 합쳐지는 반응입니다.
현재 인류가 알아낸 그 어떠한 반응도 핵융합 이상으로
큰 에너지를 생산해 내지 못하고 있습니다.
하지만 핵융합을 일으킬 장치는 아직 개발하지 못했지요.

으려는 선진국 사이의 기술 경쟁이 지금도 물밑에서 치열하게 진행되고 있지요.

새로운 에너지를 개발하는 것도 중요하지만 기존의 에너지를 효율적으로 사용하는 것도 대단히 중요합니다. 그래서 전기 공급자와 생산자들이 실시간으로 에너지 사용량을 살펴보고, 수집한 데이터를 분석한 뒤 인공 지능으로 사용량을 예측하는 에너지 관리 시스템이 현재 개발되고 있습니다. 대표적으로 전기 사용량 정보를 공유하는 스마트 그리드 서비스가 있지요. 이 서비스는 시간에 따라 변화하는 태양광이나 풍력 등의 특성에 따라 발전량이 남으면 돌려쓰고 부족하면 당겨씀으로써 버려지는 전기를 줄이도록 도와줍니다.

에너지뿐 아니라 자원도 지속 가능하게 활용하는 방안을 연구해야 합니다. 땅속에 묻혀 있는 천연자원을 무분별하게 채굴해 사용하는 것은 결코 지속적일 수 없습니다. 자원을 최소한으로 사용하고 재활용해야 하지요. 각종 생산품이나 구조물에서 불필요한 요소를 제거하고 가급적 단순하게 설계하는 것도 좋은 방법입니다. 또 생산할 때도 제조 공정을 단순화해 자원과 에너지의 소비량을 최소화하고 폐기할 때까지 전 생애 주기로 자원 흐름을 관리할 필요도 있지요.

이러한 연구들을 통해 우리의 삶은 더욱 윤택해질 것입니다. 그리고 머지않은 미래에 스마트한 세상 속에서 건강한 삶과 지속 가능한 환경을 누리며 살아갈 수 있기를 기대해 봅니다.

미래에는 어떤 직업이 생길까요?

미래 직업 전망

전공을 선택하고 인생을 설계해야 하는 여러분에게 직업은 매우 중요한 문제입니다. 그런데 요즘에는 인기 있는 직업들이 쉽게 바뀌고, 새로운 직업들이 계속 생겨나다 보니 여러분도 어떻게 진로를 정해야 할지 막막할 것입니다.

이러한 추세에 따라 세계 유수의 전문 기관과 미래 학자들이 미래 직업에 대한 전망을 내놓고 있습니다. 미국의 마이크로소프트 연구팀과 영국의 컨설팅 업체인 미래 연구소는 공동 연구를 통해 앞으로 인공지능, 로봇, 자율 주행 자동차 같은 첨단 기술이 주목받으면서 새로운 직업이 생겨나고 전통 직업은 위협받는다고 예측했습니다. 게다가 현재 대학생들 중 절반 이상이 여태까지 들어 본 적 없는 새로운 직업에 종사한다고 합니다. 가상공간디자이너, 바이오해커, 인체디자이너, 사물인터넷데이터분석가, 생태복원전략가, 지속가능한에너지개발자 등에 말이에요.

재미있지만 생소한 직업들이 많습니다. 직업을 결정할 때 구체적인 이름을 가진 직업을 목표로 정하기보다 그 직업이 속해있는 전문분야에서 나만의 전문성을 가질 수 있도록 하는 것이 중요합니다. 그러기 위해서는 자신의 적성을 바탕으로 최근 이루어지고 있는 기술 발전과 사회 변화를 관심있게 들여다 볼 필요가 있습니다.

한국고용정보원에서 내놓은 한국직업전망보고서를 기초로 하여 우리나라 일자리 전망에 영향을 미칠 사회적 변화를 정리해 보았어요. 이러한 변화를 이해하면서 여러분들이 활동하게 될 10~20년 후의 세상을 가늠해 보기 바랍니다.

첫째, 인구 구조의 재편과 노동 인구의 변화

한 나라의 인구 구조는 경제, 사회, 정치 등 모든 분야에 영향을 미칩니다. 우리나라는 세계에서 출산율이 가장 낮은 나라 중 하나로, 현재 빠르게 노령 사회로 바뀌고 있어요. 저출산으로 학령인구가 줄어들고 젊은 산업 인력이 줄어들고 있지요. 외국인이 유입되고 로봇이 활용되면서 단순 근로는 어느 정도 감당할 수 있겠지만, 산업 전반 특히 엔지니어링 분야에서 설계, 개발, 기획과 같은 핵심 업무를 담당할 엔지니어가 부족할 전망입니다. 기업들은 우수 인재를 유치하기 위해 치열한 경쟁을 벌이겠지요. 자기가 좋아하는 전공을 택해서 실력만 잘 쌓아두면 여기저기서 오라는 데가 많을 테니 예전처럼 취업 걱정은 하지 않아도 될 것 같아요.

둘째, 생활수준 향상과 사회의 다양화·복잡화

전반적인 생활 수준이 높아지면서 건강, 여가, 안전 등에 관한 관심이 높아지고 있습니다. 온라인 소통이나 온라인 거래가 증가하면서 라이프 스타일도 변화하고 있지요. 게다가 소가족이나 1인 가구의 비율이 상당히 높아졌고, 다양한 국적과 문화적 배경을 가진 다문화 현상이 나타나고 있습니다. 개인적인 취향이 다양해지면서 직업에 대한 생각도 바뀌고, 일과 삶에 대한 가치관도 바뀌고 있습니다. 이에 따라 기업의 고용 형태나 출퇴근 근무 방식도 여러 가지 모습으로 바뀌고 있지요. 최근에는 대기업을 고집하기보다 창의적인 아이디어를 가지고 나만의 벤처 창업을 꿈꾸는 젊은이들이 많아지는 추세입니다.

셋째, 첨단 과학기술의 발전과 산업구조의 변화

인공 지능과 빅데이터 기술을 비롯하여 자율주행과 로봇기술, 사물인터넷과 스마트 기술, 생명과학과 의료 기술 등이 눈부시게 발전하고 있습니다. 최근 발표된 생성형 인공 지능은 사회 각 분야로 확산되면서 큰 변화를 예고하고 있습니다. 모든 사람이 인공 지능 전문 개발자가 될 필요는 없지만, 누구나 사회 각 분야 특히 공학 분야에서 인공 지능을 필수적으로 활용하게 될 것입니다. 이것은 현재 컴퓨터 전공자가 아니더라도 누구나 컴퓨터를 쓰고 있으며 또 쓸 줄 알아야 하는 것과 마찬가지입니다. 경쟁이 치열한 특정 분야로 몰리기보다 자기의 전문성을 가지고 있으면서 인공 지능 등 첨단 기술을 잘 활용할 수 있는 분야로 골고루 진출하는 것이 바람직하지요. 앞으로 첨단 기술이 가져올 전반적인 산업구조의 변화와 새로운 비즈니스 모델에 주목할 필요가 있습니다.

넷째, 환경오염과 에너지 자원고갈에 대한 책임

기후변화에 대응하기 위해서 2015년 파리협약으로 국제적인 협력의 틀이 만들어졌습니다. 이에 따라 기업들의 책임을 강조한 것이 ESG인데, 여기서 E는 환경(Environmental), S는 사회(Social), G는 지배구조(Governance)를 의미합니다. ESG는 친환경적인 활동뿐 아니라 사회에 대한 공헌과 윤리 경영을 평가합니다. 미래 세대에게 깨끗한 환경을 물려주기 위해서, 기업은 친환경적인 에너지를 활용하고, 지속가능한 자원을 관리하는 책임을 다해야 합니다. 이에 따라 그린에너지와 청정자원 분야에서 혁신적인 기술개발이 필요하고, 이를 위한 일자리가 계속 만들어질 것입니다.

다섯째, 국내외 경제상황 변화와 경영전략 변화

기업에서는 경영전략 차원에서 다른 기업을 인수하거나 합병하는 경우가 종종 있습니다. 또 생산시설을 해외로 이전하거나 국내로 유턴해서 돌아오기도 합니다. 특히 우리나라처럼 수출입이 많은 나라는 국내 경기뿐 아니라 국제 정세나 세계 경제 전망에 따라 많은 영향을 받습니다. 산업 분야별 전망에 따라 신규 채용 계획 및 인력 관리가 크게 바뀝니다. 앞으로 취업을 하든 창업을 하든, 국내외 경제 동향에 관심을 가질 필요가 있으며, 시야를 넓혀 세계인으로서 지구상 어디서든 일할 수 있다는 자신감과 포부를 가졌으면 합니다.

여섯째, 법 제도 등 정부 정책의 변화

정부는 국가전략 기술로 반도체, 이차전지, 모빌리티, 원자력, 바이오, 우주항공, 수소, 보안, 인공 지능, 통신, 로봇, 양자 등을 선정해서 기술개발과 인재육성을 지원하고 있습니다. 국가전략기술은 기술패권 경쟁 시대에 미래 먹거리 창출과 경제안보에 매우 중요합니다. 첨단 기술은 따로 존재하는 것이 아니라 기존의 전자, 기계, 소프트웨어, 건설, 재료, 생명공학 등 유관 산업이나 기술과 밀접한 관련이 있으며 함께 발전해야 합니다.

정부는 핵심기술을 종합하여 다음과 같은 신성장 4.0을 내놓았습니다. 앞으로 정부의 정책과 제도 변화에 따라서 일자리와 고용에 크게

신성장 4.0 전략 - 3대 분야, 15대 프로젝트	
1. 신기술 미래 분야 개척	① **미래형 모빌리티** 3030년까지 C-ITS 등 자율주행 인프라 완비, UAM 상용 ② **독자적 우주탐사** 우주항공청 신설(2023), 차세대 발사체 및 달 착륙선 개발 ③ **양자기술** 양자컴퓨터 개발, 베터리반도체 불량 검출용 등 양자센서 개발 ④ **미래의료 핵심기술** 첨단재생의료치료제 개발, 디지털 치료기기 제품화 ⑤ **에너지 신기술** SMR 표준설계 완성, 수전해 수소생산 기지구축
2. 신일상 디지털 에브리웨어	⑥ **내 삶 속의 디지털** K-클라우드 구축, 초고속 네트워크 구축(6G 개발 상용화, 2030), 독거노인 돌봄로봇 등 AI 제품 · 서비스 개발 보급 ⑦ **차세대 물류** 부산항 신항(2026) 및 진해신항(2029) 스마트항만으로 구축, 로봇배송 · 드론배송 등 신물류서비스 전국 확산, 식품 · 의약품 · 배터리 등 콜드체인 모니터링 시스템 개발 구축 등 ⑧ **탄소중립도시** ⑨ **스마트농어업** ⑩ **스마트 그리드** 주거, 식품, 에너지 분야 디지털 접목
3. 신시장 경쟁을 넘어 초격차 확보	⑪ **전략산업 No.1 달성** 반도체 산단 신규 입지, 국가전략기술에 디스플레이 포함 ⑫ **바이오 혁신** K-바이오 랩허브 조성, 100만명 바이오 빅데이터 구축 ⑬ **K-컬쳐 융합관광** 청와대 일대 관광클러스터 구축(2027), '한국형 칸쿤' 5개소 조성 ⑭ **한국의 디즈니 육성** 특수영상 클러스터 구축, 메타버스 · 확장현실 기술개발 ⑮ **빅딜 수주 릴레이** 해외건설 · 방산 · 원전 글로벌 대형 프로젝트 릴레이 수주

영향을 미칠 것입니다. 그때그때 정치 경제적 상황 변화를 예의 주시할 필요가 있습니다.

3.141
1M3FT

CHAPTER
05

엔지니어들은 어떻게 생각할까요?

많은 학생이 공학을 하려면 수학이나 과학만 잘하면 된다고 생각합니다. 그리고 이과생들만 공학을 할 수 있다고 생각하지요. 하지만 공학에서도 수학을 그다지 많이 쓰지 않는 전공이 있습니다. 또 엔지니어가 모든 과학을 깊이 알 필요는 없지만, 반대로 글쓰기를 못해서도 안 됩니다. 여기서는 공학에 관한 오해와 진실 그리고 엔지니어에게 가장 중요한 자질이 무엇인지 살펴보겠습니다. 마지막으로 공학이 사회 문제에 어떻게 기여하는지 그리고 앞으로 나아갈 방향을 살펴보며 책을 마무리하고자 합니다.

01

이과생만 공학을 할 수 있나요?

우리는 공학이 만들어 온 세상 속에서 살아가고 있습니다. 그리고 공학이 우리 삶 전반에 미치는 영향은 점점 더 커지고 있습니다. 이러한 사회 변화에 따라 공학 기술을 기반으로 하는 융·복합 산업이 떠오르고 있습니다. 인공 지능, 가상 화폐 거래 해킹을 막는 블록체인, 나노 소재 등의 공학 기술이 문학, 어학, 철학, 경영학, 윤리학, 의학 등 다른 학문과 접목하면서 다양한 산업이 새로 생겨나고 있지요. 공학을 전공하지 않더라도 공학적으로 사고할 줄 안다면 여러분도 그 변화에 발맞춰 갈 수 있습니다.

그런데 수학이나 과학만 공학과 관련 있다고 오해하는 학생들이 많습니다. 공학을 이과생들만 할 수 있고, 자신과 전혀 관련이 없는 분야라고 생각하는 문과생들도 있지요. 이제부터 공학에 관한 오해와 진실에 관해 살펴보겠습니다.

공학을 하려면 수학을 꼭 잘해야 할까요?

수학이란 단순히 계산을 하기 위한 것이 아니라 수식으로 이해하고 논리적으로 생각하는 훈련입니다. 이러한 수학은 공학에서 기본입니다. 하지만 수학을 잘하면 공학에서만 유리한 것이 아니라 어느 전공이든 남보다 수월하게 공부할 수 있습니다. 일명 '전화기'로 알려진 전자, 화공, 기계공학처럼 수학을 매우 중요하게 여기는 전공뿐 아니라 천문학 같은 자연과학, 의학, 심지어 인문학에서도 수학은 유용하지요. 최근에는 새로운 산업과 관련된 여러 분야에서 수학의 중요성을 더욱 강조하고 있습니다.

그런데 공학에서도 예상과 달리 수학을 많이 쓰는 전공이 있는가 하면 그렇지 않은 전공이 있습니다. 기존의 공학 분야에서도 그렇고, 최근에 생기는 융합 전공 중에도 수학이 상대적으로 덜 필요한 전공이 있지요. 생물학과 융합한 생명공학이나 화학을 주로 다루는 공업화학 또는 경영학적 성격을 갖는 산업공학 등이 그렇습니다. 그렇다고 수학이 전혀 필요 없지는 않기 때문에 수학을 아주 멀리하면 곤란하겠지요?

그러면 이 어려운 수학을 어떻게 공부해야 할까요? 우선 쉬운 것부터 시작해야 합니다. 일부 수학 선생님들은 많이 가르치려는 욕심 때문에 고학년에 있는 내용을 자꾸 저학년으로 가져옵니다. 하지만 수학은 학생별 편차가 워낙 심하기 때문에 자신의 수준에 맞춰 공부해야 하는 과목입니다. 그래야 이해하기도 쉽고 조금씩 배워 가는 재미도 느낄 수 있거든요. 수포자, 즉 수학 포기자로 남을 바에는 아주 쉬운 기초부터 차근차근 시작해 보는 것도 좋은 방법입니다.

그리고 수학 문제를 바로 풀려고 하지 말고 여러 가지 각도에서 이해하려고 노력해 보세요. 또 이해한 것을 동생이나 친구에게 말로 설명해 보세요. 문제를 풀지 말라고 하니 이상하게 들릴지도 모릅니다. 하지만 놀라운 변화를 경험할 수 있습니다. 수학을 못하는 경우 수학의 기본 개념을 이해하지 못하고 있다기보다, 문제 자체를 이해하지 못하는 경우가 더 많습니다. 수학을 몰라서가 아니라 문제가 무엇을 요구하는지 모르지요. 그렇기 때문에 여러분이 수학을 가르치는 사람이 되어서 생각한다면 문제가 무엇을 요구하는지 알게 되고, 자연스레 관련 개념도 이해할 수 있게 될 것입니다. 수학 문제는 유형을 익히라고 만든 것이 아니라 푸는 과정에서 기본 개념을 익히기 위한 것임을 기억하세요.

또 수학은 암기할 수 없습니다. 수학 개념 자체는 분량도 많지 않고 외울 것이 별로 없지만, 수학 문제는 무궁무진하게 만들어 낼 수 있기 때문입니다. 물론 운 좋게 암기한 문제가 나와 반짝 성적을 올릴 수는

수학은 여러분이 어느 전공을 공부하더라도 도움이 됩니다.
그러니 수학과 꼭 친해지면 좋겠습니다.

있습니다. 하지만 수학 교육이 추구하는 수학적인 사고 훈련이나 두뇌 계발에는 전혀 도움이 되지 않지요.

그럼에도 수학 자체가 싫다는 학생에게는 다른 이야기를 해주고 싶습니다. 식스 팩을 만들거나 다이어트를 성공하려면 괴롭지만 참고 꾸준히 운동해야 합니다. 식스 팩을 갖고 싶다는 마음만으로, 다이어트를 하고 싶다는 마음만으로는 복근이 생기거나 몸이 날씬해지지 않지요. 힘들고 괴로운 과정을 넘어설 때 비로소 근육이 발달하고 지방이 분해됩니다. 마찬가지로 공부를 잘하기 위해서는 머리를 괴롭혀야 합니다. 두뇌는 수억 개의 뉴런이라는 신경 세포가 신경망을 통해 온갖 신호나 정보를 전달하고 처리합니다. 정보 소통이 활발할수록 생각의 통로가 넓어지지만, 잘 사용하지 않는 부분은 퇴화하지요. 단순히 기억을 저장하고 정보를 끄집어내는 작업 이상으로 지식을 재구성하고 논리적으로 따지는 골치 아픈 머리 훈련을 계속해야 두뇌에 잔주름이 많이 생기고 머리가 좋아집니다. 즉 수학도 꾸준히 살펴보고 다각적으로 풀이하는 연습을 해야 잘할 수 있습니다.

문과와 이과의 구분이 없어진 지금, 수학의 비중은 지금보다 커질 전망입니다. 제4차 산업 혁명과 관련해 암호 처리, 블록체인, 빅데이터, 경제·경영 등 다양한 분야에서 수학 인재를 필요로 하고 있기 때문입니다. 최근에는 수학 잘하는 것을 무기 삼아 증권 시장이나 금융 분야로 진출해 두각을 나타내는 공학 전공자들도 종종 있습니다. 이처럼 수학이 중요해지는 시대이므로 여러분은 수학과 친해질 필요가 있습니다. 지금은 수학 공부가 힘들고 어렵지만 참고 하다 보면 분명 재미를 느낄 순간이 올 겁니다.

과학은 어떻게 공부해야 할까요?

기계, 전기전자, 신소재, 화학, 건설 등 공학 전공에 따라서 기본이 되는 과학 내용도 다릅니다. 같은 전공 내에서도 세부 전공에 따라 서로 다른 과학 지식을 요구하기도 하고, 물리화학처럼 여러 가지 복합적인 지식을 요구하기도 합니다. 예를 들어 엔진 피스톤의 움직임은 물리학을 기초로 하지만, 그 연소 과정은 화학을 기초로 합니다. 또 신소재를 개발할 때 제조 과정에서는 화학 반응을 알아야 하지만 시험 과정에서는 재료의 물리적 특성을 알아야 하지요. 따라서 어느 전공을 하든지 물리, 화학, 생물 등 기본적인 과학 지식은 가지고 있어야 합니다.

하지만 과학 지식은 중요한 몇 개의 과학 원리와 구조를 이해하는 것으로도 충분하므로 전공에 필요한 것을 공부하면서 하나씩 쌓아 가면 됩니다. 무엇이 필요한지 모르는데 처음부터 모든 것을 공부할 필요는 없지요. 또 필요하면 그때그때 인터넷에 물어봐도 되고요.

과학 지식을 많이 가지고 있는 것보다 과학적 호기심과 사고력을 키워 나가는 것이 무엇보다도 중요합니다. 과학은 호기심에서 시작합니다. 궁금해야 관심을 갖게 되고 대상을 관찰하기 때문입니다. 호기심은 자연스럽게 의문을 불러옵니다. 하나의 질문은 다른 질문을 낳고, 계속해서 새로운 질문이 꼬리를 물고 이어집니다. 호기심이 생기는 순간 수없이 많은 가능성이 펼쳐집니다. 어찌 보면 질문에 대한 답변 내용은 그리 중요하지 않습니다. 답변을 듣고 새로운 사실을 알게 되는 것보다 내가 궁금한 것을 명확히 정리해 질문을 만들었다는 사실이 더 중요합니다. 맞는 답변을 하는 것보다 좋은 질문을 하는 것이 더 어렵다고 합니다. 또 좋은 질문이 훌륭한 답변을 이끌어 내는 경우도 많이 있고요.

호기심이 생기면 주의 깊게 관찰하게 됩니다. 위대한 과학 발견은 사소한 주변 사물에 대한 관심과 관찰에서 시작되었습니다. 개미들이 어떻게 사는지 관찰하고 하늘에 별이 어떻게 움직이는지 관찰하면서 여러 가지 과학 원리를 밝힐 수 있었지요. 여러분도 최근 호기심이 발동하거나 관심을 가진 대상이 있나요? 하늘에 흘러가는 구름에 관심이 갈 수도 있고, 화분에서 자라는 화초에 관심이 가도 좋습니다. 또 벽시계나 냉장고가 어떻게 작동하는지 궁금할 수도 있고 게임 프로그램이 어떤 알고리즘으로 만들어졌는지 궁금할 수도 있지요. 어떤 것이든 관심을 가진다는 것은 좋은 일입니다. 호기심 자체가 공부를 하게 만드는 동기가 되고 여러분의 삶을 풍요롭게 만들 테니까요.

과거 지식이나 정보에 접근하기 어려운 시절에는 지식 자체가 큰 힘이었습니다. 그래서 아는 것이 힘이라고 했지요. 하지만 이제는 생각하는 것이 힘입니다. 과학은 그 생각하는 힘을 길러 주는 과목이지요.

엔지니어에게도 언어 능력이 필요해요

공학을 전공하려면 수학이나 과학만 잘하면 된다고 생각하는 사람이 많습니다. 실제로 공대생을 포함한 이공계 학생들의 소통 능력은 상대적으로 부족한 경향이 있습니다.

그런데 엔지니어가 해결해야 할 공학 문제는 사회에서 일반인들이 요구하는 것들입니다. 그렇기 때문에 일반인과 그들의 눈높이에서 충분히 대화를 나눠야 해결할 문제가 무엇인지 이해할 수 있습니다. 주어진 조건은 무엇이며 어디까지 해결해야 하는지 정확히 알 수 있지요. 또 공학 업무는 보통 단독으로 해낼 수 없습니다. 여러 분야의 전공자들이 각기 다른 방식으로 해낸 일과 의견을 한데 모아 하나의 결과물을 만들어 냅니다. 그렇기 때문에 팀원들과 부단히 소통하지 않으면 배가 산으로 갈 수 있습니다. 이것이 바로 엔지니어에게도 언어 능력을 요구하는 이유입니다. 언어 능력이란 단순히 읽고 쓰기만을 의미하지 않고 듣기, 말하기 등 다른 사람과의 소통 능력을 의미하기 때문입니다.

훌륭한 엔지니어가 되려면 말하기와 더불어 글쓰기 실력도 특별히

갈고닦아야 합니다. 그래야 복잡한 공학 문제를 일반인들이 이해하도록 설명할 수 있습니다. 제품의 사용 설명서나 소프트웨어 설명서를 보다가 무슨 말인지 이해하기 어려운 때가 있었지요? 이는 표현력이 별로인 이공계 출신의 개발자가 직접 썼을 확률이 높습니다. 그렇다고 글솜씨가 좋아도 개발자가 아닌 사람은 해당 기술을 모르니 대신 설명서를 써줄 수도 없습니다. 이런 이유로 공학 교육에서도 글쓰기를 강조합니다. 아무리 뛰어난 기술이라도 일반인들이 이해할 수 있도록 쉽게 설명하지 않으면 그 가치는 인정받지 못할 테니까요. 사실 글쓰기는 사람들과의 원활한 소통을 위한 훈련이기도 하지만 논리력과 사고력 계발에도 큰 도움이 됩니다.

엔지니어에게는 독서도 필수입니다. 정보를 얻기 위한 과학 기술 도서 외에도 상식을 넓히기 위한 다양한 분야의 책을 읽어야 하지요. 한 분야에 오래 종사하다 보면 고정 관념이 생기기 마련인데, 분야를 가리지 않는 독서가 이를 해결해 줄 수 있습니다. 독서는 지식을 습득하는 과정을 넘어 사고하는 과정이기도 합니다. 단순히 책 내용을 이해하는 것을 넘어 저자의 관점이나 사고방식을 파악하는 훈련을 한다면, 보다 창의적인 해결 방안을 찾는 데 도움을 얻을 수 있습니다. 결국 언어 실력은 엔지니어로 성공하는 데 수학과 과학 이상으로 중요하다 하겠습니다.

문과생도 엔지니어가 될 수 있어요

2015 개정 교육 과정에 따라 문·이과 통합 교육이 실시됩니다. 지금까지는 학생들을 문과생과 이과생으로 나누어 왔습니다. 그래서 문과생들은 수학이나 과학을 잘 못해도 괜찮았습니다. 다들 모르는 것이 당연하다고 생각했지요. 그런가 하면 이과생들은 국어나 사회를 잘 몰라도 상관없었습니다. 글을 못 쓰는 것을 당연하게 여기며 사회적 이슈에 대해 해박하지 않아도 괜찮다고 생각했지요.

하지만 이제는 반쪽짜리 교육이 아닌, 모든 자질을 발달시키는 전인 교육이 시작됩니다. 학생마다 성향과 재능이 다르더라도 교양 시민으로서 기본적인 내용은 골고루 배워야 하지요. 정말 다행이 아닐 수 없습니다. 점점 학문과 산업이 융합하면서 공과 대학뿐 아니라 모든 대학에서 문·이과를 넘나들며 통합적으로 사고하는 인재를 원하고 있습니다. 역사적으로도 그런 인재가 발자취를 남기고 있고요. 여러분에게는 문·이과 통합 교육이 부담일 수는 있겠지만, 길게 보면 분명 장점이 될 것입니다.

독일의 철학자 이마누엘 칸트는 『순수 이성 비판』으로 유명한 사람입니다. 철학자라고 하니 당연히 문과일 것 같나요? 하지만 칸트의 박사 학위 논문 주제는 일반 자연사와 천체 이론이었답니다. 그는 이 논문에서 태양계의 탄생에 관해 중력 이론을 기반으로 한 물리학적 가설을 최초로 제안했지요.

만유인력의 법칙을 발견한 영국의 대표 과학자 아이작 뉴턴은 어떨까요? 물론 케임브리지 대학에서 천체를 연구하며 보통의 이과 출신처럼 지내기는 했지만 실은 교수직을 떠나 돈을 발행하는 조폐국에서 활동한 기간이 더 길다고 합니다. 과거에 주화를 제작하던 런던 탑에 가면 뉴턴의 초상화를 찾아볼 수 있는데, 이는 영국의 조폐 체제를 엄청나게 발전시켜 금융 발달에 기여한 뉴턴의 공로를 기리기 위한 것이지요. 뉴턴을 수학자나 과학자가 아닌 금융전문가로 기억하는 영국 사람도 많답니다.

여러분 중에도 베르나르 베르베르를 아는 사람이 많지요?『개미』라는 소설로 유명한 프랑스 작가입니다. 그는 국내 소설에서는 접하기 어려운 과학을 소재로 소설을 쓰면서 우리나라에서 큰 인기를 끌었습니다. 법학을 전공한 그는 사랑 혹은 인간관계라는 흔한 주제에서 벗어나 곤충, 뇌, 컴퓨터, 우주 정복, 인공 지능에 대한 해박한 과학 기술 지식을 바탕으로 과학과 문학 그리고 예술을 넘나드는 소설을 써 우리에게 신선함을 안겨 주었지요.

그런가 하면 애플이라는 컴퓨터 회사를 만든 스티브 잡스는 어떤가요? 그는 고등학교를 중퇴한 후 기계공으로 일하면서 자동차를 수리해 판매하는 일을 했습니다. 하지만 대학에 입학하면서 전공으로 철학을 선택했지요. 한 학기 만에 중퇴하기는 했지만 그 짧은 기간 동안 잡

"인문학과 기술의 교차로 위에 애플이 서있다."
스티브 잡스의 이 말은 단순히 애플이라는 회사의 정체성을 넘어
공학이 진정으로 추구하는 '사람을 위한 기술'을 뜻합니다.

스는 많은 인문학 수업을 들었습니다. 과학 기술과 인문학이 접목할 때 문제를 해결하고 사회를 변화시킨다는 생각 때문이었지요.

문과와 이과가 따로 존재하는 한, 우리나라에서 베르나르 베르베르나 스티브 잡스와 같은 미래형 인재는 나오기 어렵습니다. 문과생은 과학에 무지하고 이과생은 인문학에 무지하기 때문이지요. 따라서 문학을 전공하더라도 기본적인 과학은 알아야 하고, 공학을 전공하더라도 인문학적 소양은 가지고 있어야 합니다.

02

엔지니어에게 가장 중요한 자질, 창의력

우리가 가지고 있는 여러 가지 능력 가운데 인공 지능이나 컴퓨터에 비해 경쟁력을 가질 수 있는 능력은 어떤 것일까요? 인간의 암기력은 저장 속도나 용량 그리고 정확도 면에서 컴퓨터 메모리를 따라가기 어렵습니다. 연산 능력 역시 컴퓨터를 당해 낼 재간이 없지요. 인공 지능의 어휘력, 독해력, 작문 실력도 만만치 않습니다. 소설이나 게임 시나리오도 척척 만들어 줍니다.

그나마 판단력과 사고력 그리고 창의력만큼은 기계가 인간을 대체하기 어렵다는 사실이 다행입니다. 그리고 이 능력들의 공통점은 모두 알고리즘화하기 어렵다는 것이지요.

창의력은 인간만이 가질 수 있는 능력이에요

알고리즘이란 앞에서 말했듯이 정해진 틀에 맞춰 일반화하고 정형화하는 작업입니다. 쉽게 말해, 컴퓨터가 단순 작업을 기계적으로 반복하거나 일련의 과정을 실수 없이 수행하도록 해주지요.

예를 들어 요리법은 가장 단순한 형태의 알고리즘입니다. 달걀 프라이 만드는 방법으로 설명해 볼까요?

> 냉장고의 문을 여세요. 달걀을 원하는 개수만큼 꺼내세요. 프라이팬을 가열 기구 위에 올려놓으세요. 불을 켜고 프라이팬에 기름을 두르세요. ……

할 일을 하나하나 빠짐없이 순서대로 일러 주는 요리법은 요리를 모르는 사람도 그대로 따라 할 수 있습니다. 과장된 예지만 냉장고 문을 열지 않으면 달걀을 꺼낼 수 없기 때문에 냉장고 문을 여는 순서도 들어가 있지요. 이처럼 모든 행동을 주어진 틀에 따라서 할 수 있도록 제시된 것이 바로 알고리즘입니다. 인공 지능은 이 주어진 틀(알고리즘)과 저장된 경험(데이터베이스)에 의존해 그 능력을 발휘합니다. 음성을 인식해 필요한 정보를 찾아 주고, 자료를 수집해 데이터를 분석하지요.

하지만 창의력은 주어진 틀과 저장된 경험만으로는 만들어지지 않습

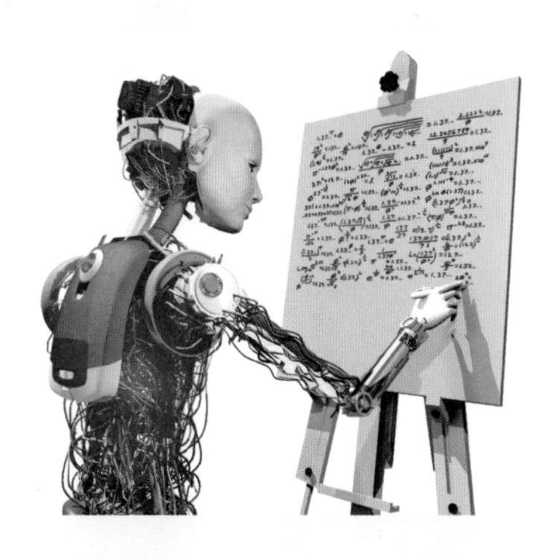

인공 지능이 우리보다 암기는 잘할 수 있을지라도,
창의력만큼은 높지 못할 거예요.

니다. 창의력은 독창적인 아이디어나 새로운 개념을 만들어 내는 인간 고유의 능력이기 때문입니다. 따라서 인공 지능이 아무리 발달한다 해도 가지기 어려운 능력이지요. 시와 소설을 쓰고 그림을 그리더라도 그것을 창의적인 활동이라기보다 기존의 작품을 조합하는 일종의 합성 제작 과정으로 보는 시각도 있어요.

21세기 교육은 지식을 기반으로 하는 사회를 맞이해 창의력을 키우는 데 맞춰져야 합니다. 창의력은 엔지니어가 참신한 제품을 발명하고 기술 혁신을 이루는 데만 필요하지 않습니다. 교육자, 과학자, 예술가, 작가, 디자이너 등 탐구 활동이나 창작 활동을 하는 사람이면 누구에게나 필요한 능력 중 하나지요. 창의적이지 못한 작가나 창작 활동을 못하는 예술가는 있을 수 없습니다.

창의력을 발휘하는 나름의 방법

그렇다면 어떻게 창의력을 키울 수 있을까요? 어떻게 하면 주어진 문제를 창의적으로 해결할 수 있을까요? 답답하게도 딱히 정해진 방법은 없습니다. 하지만 거꾸로 생각하면 그렇기 때문에 얼마나 다행인지 모릅니다. 만약 창의력을 높이는 특별한 방법이 있다면 인공 지능이 더 빨리 습득해서 인간보다 뛰어난 창의력을 가질 테니까요.

그나마 우리가 할 수 있는 방법은 창의력을 발휘한 사람들의 생각이나 행동을 엿보는 것입니다. 스티브 잡스는 창의적인 생각을 떠올리기 위해 종종 직원들과 산책하면서 회의를 했다고 합니다. 창의적인 생각은 머리에서 나오지 않고 몸에서 나온다고 생각했지요. 이처럼 생각은 컴퓨터 앞에서 머리만 쥐어짠다고 나오지 않습니다. 가볍게 산책하며 머리와 몸을 함께 써야 하지요.

그런가 하면 마이크로소프트를 창업한 빌 게이츠는 여행을 가거나 책 또는 그림의 세계로 들어가 익숙한 일상에서 벗어나고자 노력한다고 합니다. 특히 1년에 한두 번씩은 꼭 가족도 만나지 않고 외부와 단절한 채 '생각하는 주간'을 가진다고 하네요. 자기 자신과 만나는 시간을 갖기 위해서지요. 이처럼 아무 일도 하지 않고 혼자 상상의 날개를 펴면서 떠오르는 생각을 메모하거나, 아무 생각 없이 가만히 있는 일명 '멍 때리기'는 창의력을 높이는 데 도움이 된다고 합니다.

이외에도 여러 사람이 이야기하는 창의력 높이는 방법을 다음과 같이 정리해 볼 수 있습니다.

1. 다르게 생각하기

창의력은 다르게 생각하는 데서 출발합니다. 남들과 다르게 생각하거나, 늘 하던 방식에서 벗어나 보세요. 예술가는 '같음'을 용납하지 않습니다. 자신의 작품이 남의 것과 다르고 이전 것과 달라야 하지요. 발명도 마찬가지입니다. 생각이 다르고 방식이 달라야 가치가 있습니다. 이렇게 남들과 다른 것을 '개성'이라 하고, 스스로 달라질려고 하는 것을 '변화'와 '혁신'이라고 합니다. 그리고 여기에는 용기와 부단한 노력이 필요합니다. 누구도 가보지 않은 곳으로 여행을 떠나는 용기처럼 말이지요.

2. 놀면서 뇌를 쉬게 하기

일상적인 일이나 공부에서 벗어나 그냥 쉬거나, 처음 해보는 방법으로 놀아 보세요. 놀이란 원래 의무감이 아니라 순전히 즐겁기 위해 자발적으로 하는 활동입니다. 그래서 구글이나 애플 같은 회사들은 뇌가 쉴 수 있도록 사무실 공간을 아예 놀이터처럼 만들고 있지요. 빌 게이츠처럼 혼자만의 시간을 갖거나 아무 생각 없이 빈둥거리는 것도 좋습니다. 워낙에 바쁘기도 하고 스마트폰을 보느라 지루할 틈이 없는 요즘, 지루함과 심심함이야말로 정보와 정보의 연결 고리를 만들고 창의력을 활성화시키는 데 매우 효과적입니다.

3. 자유로운 분위기

어린아이처럼 놀 수 있도록 자유로운 분위기를 만들면 어떨까요? 경직된 회의 분위기나 일사불란한 의사 결정 과정을 통해서는 창의력이 발휘되기 어렵습니다. 몇몇 회사에서는 브레인스토밍을 종종 사용합니

틀에 갇히지 않고 자유롭게 생각을 펼쳐야만
창의력을 발휘할 수 있습니다.

다. 브레인스토밍이란 머리를 비우고 자유롭게 아무 이야기나 시작해 창조적인 생각을 끌어내는 활동입니다. 자유로운 분위기에서 이야기하다 보면 그렇지 않은 때보다 더 많은 생각이 나올 수 있지요. 권위에 주눅이 든다거나 창피함이 두려우면 자유롭게 이야기할 수 없습니다.

4. 몰입하기

마냥 자유로운 분위기에서 무한정 뇌를 쉬게 하라는 얘기는 아닙니다. 꼭 해결해야 할 문제 또는 스스로 흥미를 느끼는 어떤 주제가 있으면 초점을 맞추어 집중하고 끊임없이 몰두하는 시간이 필요합니다. 다른 생각을 하지 않고 한 가지 생각에 집중하는 훈련은 뇌의 신경망 회로를 활성화시킨다고 합니다.

자나깨나 한 가지 생각에 몰입하다 보면 다른 일을 하더라도 머릿속 깊은 곳에서는 여전히 그 생각이 계속 돌아갑니다. 마치 컴퓨터가 한 가지 작업을 하면서 동시에 백그라운드 프로세싱을 하는 것처럼 잠을 자다가 풀리지 않던 문제가 갑자기 풀리고 새로운 아이디어가 불현듯 떠오르는 경우가 종종 있습니다.

5. 그래도 중요한 지식

새로운 제품을 만들려면 기본 재료가 있어야 합니다. 마찬가지로 새로운 생각을 만들려면 기존의 지식을 종합하고 합성해야 합니다. 이때의 지식은 파편과 같은 단편적인 지식이 아니라 서로 연결된 지식 체계를 말합니다. 엔지니어라면 물리, 화학, 생물, 수학 등에 관한 최소한의 지식뿐 아니라 넓고 얕은 예술적 소양과 인문학적 지식을 쌓고 활용할 줄 알아야 합니다.

미국의 유명한 사회 운동가인 메리 쿡은 창의력에 관해 다음과 같이 말했습니다.

> Creativity is inventing, experimenting, growing, taking risks, breaking rules, making mistakes, and having fun.
>
> 창의력은 발명하고, 실험하고, 성장하고, 모험하고, 고정 관념을 깨고, 실수하고, 즐기는 것이다.

이 밖에도 여러분만의 방법이 있다면 그를 통해 꾸준히 창의력을 계발해 보세요. 누구든지 처음부터 창의력을 발휘하지 못했습니다. 스티브 잡스나 빌 게이츠도 처음부터 성공하지 않았지요. 기존의 틀을 깨는 과감한 도전과 실수를 통한 성장을 즐긴다면 누구나 상상력과 창의력을 발휘할 수 있습니다. 이 책을 읽는 여러분에게도 창의력이 꽃피는 날이 오길 응원하겠습니다.

03

엔지니어들이 스스로 풀어야 할 과제가 있어요

최근 텔레비전에서 방송되는 오지 탐험이나 자연 속 생활을 다루는 프로그램을 보세요. 하늘과 땅과 바다가 어우러져 있고, 온갖 동물과 식물이 살아 숨 쉬는 자연 풍경이 펼쳐집니다. 하지만 더없이 평화롭고 한적한 이 환경 도처에는 각종 위험이 도사리고 있지요. 뱀이나 맹수들이 다가오고 비바람이 몰아칩니다.

과거 인류는 이 위험한 자연 속에서 생존하며 의식주 문제를 해결해야 했습니다. 간단한 도구를 사용하는 것 외에는 살아남기 위해 애쓰는 모습이 여느 동물과 다르지 않았지요. 원시 사회에서 농경 사회로 넘어와서도 인류의 생활 형태는 크게 달라지지 않았습니다. 꾸준한 기술 발전으로 산업 전반의 생산성은 향상되었지만, 인구수가 눈에 띌 정도로 증가할 만큼의 발전은 아니었지요.

18세기 후반에 산업 혁명이 일어나고 나서야 인류의 삶은 크게 변화했습니다. 증기 기관이라는 발명품 덕분에 인류는 고단한 노동에서 해방되어 시간적 여유와 물질적 풍요를 누리게 되었고, 자연스레 인구수는 급격하게 불어났으며, 사회 체제에도 변혁이 일어났습니다.

현재 우리는 역사상 물질적으로 가장 풍요로운 삶을 누리고 있습니다. 공학 기술 덕분에 생존 걱정은 없어지고 온갖 편리함과 쾌적함을 누리며 살고 있지요. 하지만 공학 기술의 발전이 우리에게 좋은 점만을 가져다준 것은 아닙니다.

무분별한 자원 개발이 엄청난 쓰레기를 만들어 냈어요

과도한 물질적 소비가 자원을 낭비하고 환경을 오염시키고 있습니다. 대표적인 예가 무분별한 화석 연료의 사용으로 인한 대기 오염과 지구 온난화지요. 시간이 흐를수록 에너지나 자원의 고갈도 큰 문제지만 폐기물 처리는 더 큰 문제입니다. 우리가 사용하는 것들은 수명을 다하고 나면 결국 쓰레기 신세가 됩니다. 칫솔, 치약, 옷, 가방, 스마트폰은 물론이고 자동차, 가구, 아파트, 다리 등 인공적으로 만들어진 모든 것이 쓰레기로 전락합니다.

그렇다면 매년 얼마나 많은 양의 쓰레기가 발생할까요? 스마트폰을 예로 들어 보겠습니다. 우리나라 약 5000만 명의 인구가 스마트폰을 2년마다 한 번씩 교체한다고 하면, 우리나라에서만 평균적으로 매년 2500만 개의 스마트폰이 소비되는 꼴입니다(실제로는 매년 1500만 개씩 판매됩니다). 스마트폰의 전 세계 생산량은 무려 15억 대입니다. 매년 이렇게 많은 스마트폰이 생산되는 것도 대단하지만 우리는 매년 15억 대의 스마트폰이 버려지고 있다는 사실에 주목해야 합니다. 실제로 유엔대학이 조사한 바에 따르면, 2014년부터 2015년까지 아시아 지역 12개국의 전자 쓰레기 발생량은 1230만 톤에 달했다고 합니다. 게다가 이 수치는 세계에서 발생하는 전자 쓰레기 양의 38퍼센트에 불과하지요.

전자 쓰레기뿐인가요? 일회용품의 경우는 더욱 심각합니다. 특히 매년 500만~1300만 톤에 달하는 플라스틱이 바다에 버려지고 있습니다. 2050년에는 바다에 물고기보다 페트병이 더 많아진다는 우울한 전망까지 나오고 있지요. 플라스틱 폐기물은 재활용하기 어려울 뿐 아니라 해양 생태계를 파괴하기 때문에 위험합니다. 바닷새와 물고기 등의 바다 생물이 바다에 버려진 폐기물을 먹고, 결국 인간에게 다시 돌아오기 때문입니다. 실제로 벨기에의 한 대학 연구팀은 수산물을 즐겨 먹는 사람이라면 매년 1만 1000개의 플라스틱 조각을 섭취한다고 발표하기도 했습니다.

환경 오염은 특히 저소득층 혹은 저개발 국가에게 치명적입니다. 기

지금 지구는 인류가 만든 인공물로
병들어 가고 있습니다.
지구의 바다는 이제 플라스틱 바다지요.

술 혜택을 누리지 못하는 저소득층은 오염된 환경으로 내몰리고, 저개발 국가는 선진국이 만들어 낸 각종 폐기물의 처리장이 되고 있지요. 1989년에 유해 폐기물의 국가 간 이동 및 교역을 규제하는 바젤 협약이 체결되었지만 상황은 달라지지 않았습니다. 저개발 국가의 입장에서는 선진국의 폐기물을 처리해 주면서 경제적 지원을 받을 수 있기 때문에 이러한 불법 폐기물 거래를 거절할 이유가 없기 때문이지요.

최근에는 환경에 대한 일반인들의 의식을 높이기 위해 다양한 환경보호 운동이 전개되고 있습니다. 영국에서 벌이고 있는 3R 운동이 한 예입니다. 적게 쓰고(Reduce), 다시 쓰고(Reuse), 재활용하자(Recycle)는 운동이지요. 쓰레기 없는 마을을 만들기 위해 음식물과 휴대폰, 배터리, 토너 등 모든 쓰레기를 재활용한다는 계획도 여기에 해당합니다.

환경오염을 방지하는 기술을 개발해야 해요

엔지니어들은 지금까지 제품을 싸고 좋게 만드는 데 역량을 집중해 왔습니다. 스마트폰만 하더라도 생산 과정에서 각 단계별로 공정을 줄여서 원가를 낮추고 한편으로는 여러 가지 첨단 기능을 추가하면서 계속 성능을 높여 왔지요. 가성비가 좋은 스마트폰을 만들기 위해 지금도 기술 개발에 전념하고 있고요.

하지만 앞으로는 원가나 성능뿐 아니라 환경에 대해서도 고려해야만 합니다. 설계를 단순화해서 원재료의 사용을 줄이고 불필요한 공정을 정리해 에너지 사용량도 줄여야 환경에 대한 부담을 줄일 수 있습니다. 최소 설계는 군더더기를 없애고 단순함을 추구하는 미니멀리즘과도 통하며 공학 설계가 추구하는 목표기도 하지요.

또 설계 단계부터 생산, 판매, 사용, 폐기에 이르기까지 전 과정에 대한 생애 주기를 고려해야 합니다. 제품을 폐기하거나 부품을 재활용하는 과정은 생산하는 것보다 훨씬 복잡하고 어렵습니다. 또 다른 환경오염을 만들어 낼 수도 있고 무엇보다도 별로 돈이 되지 않지요.

스마트폰의 폐기 과정을 예로 들어 볼까요? 일단 다 쓴 스마트폰을 수거하는 것도 쉽지 않은 데다가 액정, 카메라, 회로 기판 등의 부품을 뜯어내고 여기서 원재료들을 다시 분리해 내는 것은 거의 불가능합니다. 그나마 저개발 국가에서 일부 희소 금속이나 귀금속을 뽑아내는 작업을 하고 있지만 일일이 수작업으로 부품을 떼어 내 태우거나 독한 화학 물질로 녹여서 추출해야만 합니다. 그 과정에서 또다시 대기와 강물이 오염되지요. 게다가 많은 비용이 듭니다. 현재로서는 그냥 버릴 곳을 찾는 것이 가장 경제적일지 모릅니다.

스마트폰 하나도 어려운데 오염된 환경을 원래의 상태로 되돌려 놓는 것은 매우 어렵습니다. 그렇기에 우리 모두의 생활 패턴이나 근본적인 소비 구조를 바꿔 나가야 합니다. 여기에는 엔지니어들의 역할이 매우 중요합니다. 친환경 생산 기술을 개발하고 환경 오염 방지 기술을 개발하는 데 앞장서야 하지요. 환경 문제는 골치 아픈 문제지만 꼭 해결해야 할 문제인 만큼 엔지니어들은 책임감을 느끼고 이를 커다란 기회로 삼아야 합니다.

모든 사람이 공학적 혜택을 누리도록 노력해야 해요

한편 오늘날 사회·경제적인 측면에서 불균형이 심화되듯이 공학 기술적인 측면에서도 불균형이 심화되고 있습니다. 여러분 모두가 한 대씩은 가지고 있을 법한 스마트폰뿐 아니라 음식을 신선하고 오래 저장할 수 있는 냉장고, 길을 걸을 때 발을 보호해 주는 기능성 운동화 하나 가지고 있지 못한 사람들이 세계 곳곳에 있지요. 이 밖에도 첨단 기술의 혜택은 고사하고 기본적인 생존을 위한 도움조차 제대로 받지 못하는 사람들이 여전히 많습니다.

사회적으로 공학적 혜택을 받지 못하는 사람들을 위해 고안된 기술이 있습니다. 바로 적정 기술입니다. 적정 기술이란 첨단 기술에 대비되는 말로, 소외된 사람들의 기본적인 삶을 위한 맞춤형 기술을 말합니다. 자원과 시설이 부족한 지역에서도 첨단 기술을 쓸 수 있는 초보적인 수준의 기술이지요. 1966년에 영국의 경제학자인 에른스트 슈마허가 처음 제안한 개념으로, 기술 자체가 아니라 인간에게 가치를 두는 과학 기술이라는 점에서 '인간의 얼굴을 한 기술' 또는 '따뜻한 기술'로도 불립니다.

적정 기술의 예로는 바퀴형 물통(Q-drum), 빨대형 정수기(Life straw), 페트병 전구(Liter of light), 냉장 항아리(Pot-in-pot cooler), 놀이 펌프(Play pump) 등이 있습니다. 수도가 없고 자동차가 없는 곳에서는 식수를 구하기 어렵습니다. 게다가 빈곤과 질병에 시달리는 사람들이 매번 무거운 물통을 들고 먼 길을 오가기란 여간 어려운 일이 아니지요. 이런 상황에 착안해 무거운 물통을 굴리면서 이동할 수 있도록 만든 것이 바퀴형 물통입니다. 빨대형 정수기는 더러운 물통에 담겼거나, 정화되지 않은 물을 그대로 빨아 마셔도 건강에 문제가 생기지 않도록 손쉽게 물을 정화시켜 줍니다. 또 냉장 항아리는 물의 증발열을 이용해 음식물을 차게 보존할 수 있지요. 모두 전기가 없이도 언제 어디서나 사용할 수 있기 때문에 국가 기관이나 여러 대학에서 활용되고 있습니다.

현재 적정 기술은 경제적 원조뿐 아니라 공학 교육에도 크게 기여하고 있습니다. 학생들이 적정 기술을 개발하고 실제로 적용하는 과정에서 공학의 필요성을 피부로 느낄 수 있기 때문입니다. 토목공학과 학생들은 개울을 건너게 해줄 다리를 설계하면서, 건축학과 학생들은 지역 기후에 맞게 태양열 주택을 지으면서, 기계공학과 학생들은 사람의 힘으로 움직이는 물 펌프를 개발하면서, 전자공학과 학생들은 태양광을

적정 기술은 첨단 기술을 사용할 수 없는
저개발 국가의 물 부족, 질병, 빈곤 등의 문제를
해결하기 위한 방안입니다.

이용한 야간 조명을 만들면서 각자 자신의 전공 분야가 지역 사회에 기여할 수 있는 부분을 이해하고, 실제 적용 경험을 통해 문제 해결 능력을 키울 수 있습니다.

실제로 MIT 학생들은 디랩(D-Lab)이라는 강좌를 통해 방학 동안 개발 도상국 현지에서 공학 설계를 하고 있습니다. 우리나라에서도 2009년부터 한동대학교 공학교육혁신센터가 중심이 되어 '소외된 90퍼센트를 위한 창의 설계 경진 대회'에 개최하고 있습니다. 여러 대학의 학생들이 한 팀이 되어 국내외 소외 계층을 위한 적정 기술을 설계해 출품하고 있지요. 모두 학생들에게 환경적 맥락을 잘 고려해 적절한 비용으로 해결 방안을 모색해야 한다는 공학 설계의 본래 목적을 이해시키고, 다른 전공 학생들과의 협업 과정을 경험시키는 교육입니다. 엔지니어라면 반드시 갖춰야 할 자질을 키우는 과정인 셈이지요.

이처럼 엔지니어는 소비자의 요구를 정확히 파악해야 합니다. 공학 교육에 적정 기술이 적극 활용되고 있는 가장 근본적인 이유기도 하지요. 여러분이 나중에 어떤 엔지니어가 되더라도 이것 하나만은 기억해 주면 좋겠습니다. 공학은 사람을 위한 학문이라는 점을요.

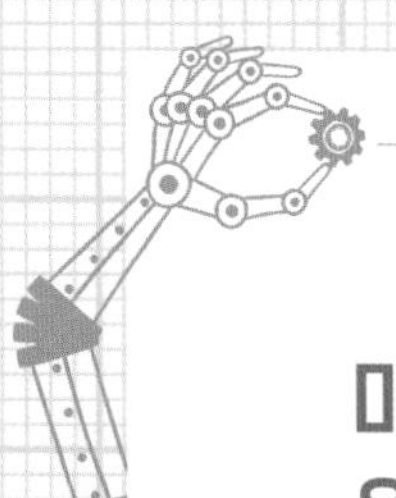

미래에 필요한 융합형 인재란 무엇인가요?

STEAM 교육

지금껏 우리나라는 지식 전달에 초점을 맞추고 정답 맞추기 식의 교육을 해왔습니다. 과거 산업 시대에 수백 명의 노동자가 줄을 서서 똑같은 일을 하는 대량 생산 시스템의 산물이지요. 시간이 꽤 흐른 지금까지도 교실의 모습은 산업 시대의 공장 모습과 크게 다르지 않습니다.

하지만 앞으로의 교육은 암기력에 기반한 정답 교육이 아니라 창의력과 사고력을 키울 수 있는 교육이 되어야 합니다. 지식 축적이 아닌 지적 능력 배양에 목표를 두어야 하지요. 단순 지식만을 전달하는 교육은 이제 필요가 없습니다. 인터넷에 물어보면 되니까요. 원하는 정보나 지식을 찾아 스스로 이해하고 어떻게 이용할지 생각할 줄 아는 능력이 중요합니다.

이러한 흐름에 맞춰 몇 년 전부터 학교 현장에서는 융합 인재 교육, 즉 STEAM 교육을 실시하고 있습니다. STEAM 교육이란 과학의 Science, 기술의 Technology, 공학의 Engineering, 인문 예술의 Art 그리고 수학의 Mathematics에서 앞 글자를 따온 말로, 이 모든 과목을 아우르는 통합 교육을 의미합니다. 1990년대부터 미국에서 실시한 융합 인재 교육인 STEM에 인문 예술을 포함시킨 교육이지요. 인문 예술로 창의력과 상상력을 키울 수 있다고 본 것입니다. 그만큼 미래에는 창의력과 상상력이 중요한 자질로 꼽힙니다.

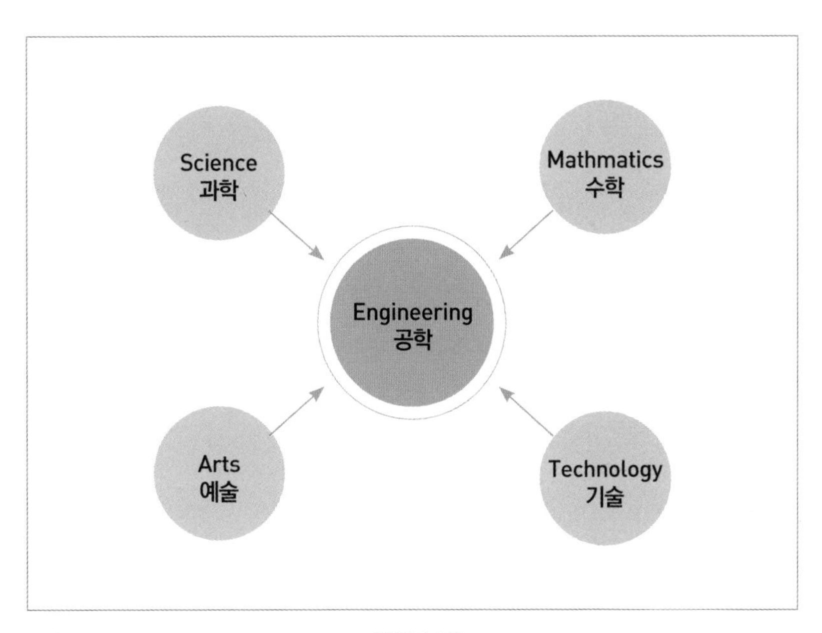

• STEAM 교육 •

STEAM 교육은 공학적으로 보면 과학 지식을 바탕으로 수학과 기술을 도구로 활용해 사람에게 필요한 새로운 무언가를 만들어 내는 활동입니다. 이로 보아 융합 인재 교육의 핵심은 궁극적으로 인문 예술 분야와 과학 기술 분야를 융합하는 공학에 있다고 해도 과언이 아니지요.

융합 교육에 관한 이야기를 들으면 학생들 입장에서는 걱정이 앞설지도 모릅니다. 문·이과 내용을 모두 공부하는 것도 벅찬데 예술까지 공부하려면 학습 부담이 늘어날 테니까요. 하지만 걱정하지 않아도 괜찮습니다. 현재 지나치게 세분화된 과목들을 통합하고 난이도를 조절한다면 문과와 이과로 구분하던 때보다 훨씬 부담이 줄 테니까요. 오히려 문·이과를 나누고 과목을 세분화해 전문적으로 가르친 기존의 정규 교과 과정이 잘못되었지요.

그런데 융합이라는 의미가 종종 잘못 사용되는 경우가 있습니다. 마치 모든 분야의 전문가가 되라는 뜻으로 말이지요. 원래 융합형 인재는 자기 전공을 공부하되, 다른 분야와 소통할 수 있을 정도의 최소한의 지식과 소통하고자 하는 마음을 가진 인재를 말합니다. 토요타라는 일본 자동차 회사에서 소개한 T형 인재도 같은 맥락에서 이해할 수 있지요. T형 인재는 T자의 생김새와 같이 한 분야를 깊이 파되 양쪽으로도 팔을 벌린 인재상을 말합니다. 이처럼 융합형 인재는 당연히 자신의 전공 분야는 잘 알아야 하며 관련된 다른 분야는 협력할 수 있을 정도로만 알면 됩니다. 융합형 인재를 강조하는 것은 여러 분야 간의 소통이 중요하기 때문입니다. 자기 분야만 알고 소통하지 않는 인재는 필요 없는 시대가 오고 있으니까요.

미래 사회는 과학 기술의 이해와 인문 사회의 성찰을 갖춘 지식인을 필요로 합니다. 아마도 인문학적 소양을 가진 창의력 있는 공과 대학 졸업생일 것입니다. 반대로 공학적으로 사고하는 인문 대학 졸업생이고요. 여러분이 그런 사람이 되길 바랍니다.

★★ 이 책에 사용한 그림과 사진 출처

표지에 사용한 이미지(스티브잡스)_Matthew Yohe

P49(右)_Olecrab | P52_Grendelkhan | P59_Sandstein | P82(下)_문화재청 | P85_문화재청 | P88_국립중앙박물관
P91_국립중앙박물관 | P94_Gapo | P97_draq | P145_Maksim | P149(上)_Marcin Wichary
P149(下)_MBlairMartin | P188(左)_kansascity | P188(右)_Deuterium 001 | P197_Eric Wieser
P229_mylerdude